大地测量与地球动力学丛书

地面重力数据反演理论与方法

胡祥云　张恒磊　刘云祥　编著
刘　双　唐新功　王林松

本书获得"地球物理学国家基础学科拔尖学生
培养基地 2.0（珠峰班）建设教材"项目资助

科学出版社
北　京

内 容 简 介

本书系统论述地面重力勘探的基本原理和方法，介绍地面重力资料测量仪器及测量方式，分析重力异常的获取方式及不同类型重力异常的特点，论述布格重力异常、自由空间重力异常和均衡重力异常的地质地球物理意义；重点论述山区重力异常曲化平、重力异常密度反演与约束反演等方法的基本原理与技术措施，并通过模型分析对本书涉及的处理方法进行对比分析；着重介绍地面重力资料精细处理与反演在固体矿产勘探、石油天然气勘探、地下水含量研究及深部构造研究等领域的应用案例。

本书可供从事地球物理及相关领域研究的科研人员阅读参考，也可作为地球物理及相关专业本科生、研究生的教材和参考书。

图书在版编目（CIP）数据

地面重力数据反演理论与方法 / 胡祥云等编著. -- 北京：科学出版社, 2025.6. -- (大地测量与地球动力学丛书). -- ISBN 978-7-03-082444-8

I. P31

中国国家版本馆 CIP 数据核字第 2025DZ2702 号

责任编辑：杜　权　张梦雪/责任校对：高　嵘
责任印制：徐晓晨/封面设计：苏　波

科学出版社 出版
北京东黄城根北街 16 号
邮政编码：100717
http://www.sciencep.com

北京中科印刷有限公司印刷
科学出版社发行　各地新华书店经销

*

开本：787×1092　1/16
2025 年 6 月第 一 版　印张：10 3/4
2025 年 6 月第一次印刷　字数：260 000
定价：168.00 元
（如有印装质量问题，我社负责调换）

"大地测量与地球动力学丛书"编委会

顾　问：陈俊勇　陈运泰　李德仁　朱日祥　刘经南
　　　　魏子卿　杨元喜　龚健雅　李建成　陈　军
　　　　李清泉　童小华

主　编：孙和平

副主编：袁运斌

编　委（以姓氏汉语拼音为序）：
　　　　鲍李峰　边少锋　高金耀　胡祥云　黄丁发
　　　　江利明　金双根　冷　伟　李　斐　李博峰
　　　　李星星　李振洪　刘焱雄　楼益栋　罗志才
　　　　单新建　申文斌　沈云中　孙付平　孙和平
　　　　王泽民　吴书清　肖　云　许才军　闫昊明
　　　　袁运斌　曾祥方　张传定　章传银　张慧君
　　　　郑　伟　周坚鑫　祝意青

秘　书：杜　权　宋　敏

为了更好地推动我国大地测量学科的发展，中国科学院于 1989 年 11 月成立了动力大地测量学重点实验室，是中国科学院从事现代大地测量学、地球物理学和地球动力学交叉前沿学科研究的实验室。实验室面向国家重大战略需求，瞄准国际大地测量与地球动力学学科前沿，以地球系统动力过程为主线，利用现代大地测量技术和数值模拟方法，开展地球动力学过程的数值模拟研究，揭示地球各圈层相互作用的动力学机制；同时，发展大地测量新方法和新技术，解决国家航空航天、军事测绘、资源能源勘探开发、地质灾害监测及应急响应等方面战略需求中的重大科学问题和关键技术问题。2011 年，依托中国科学院测量与地球物理研究所（现中国科学院精密测量科学与技术创新研究院），科学技术部成立了大地测量与地球动力学国家重点实验室，标志着我国大地测量学科的研究水平和国际影响力达到了一个新的高度。围绕我国航空航天、军事国防等国民经济建设和社会发展的重大需求，大地测量与地球动力学学科领域的专家学者对重大科学和技术问题开展综合研究，取得了一系列成果。这些最新的研究成果为"大地测量与地球动力学丛书"的出版奠定了坚实的基础。

本套丛书由大地测量与地球动力学国家重点实验室组织撰写，丛书编委覆盖国内大地测量与地球动力学领域 20 余家研究单位的 30 余位资深专家及中青年科技骨干人才，能够切实反映我国大地测量和地球动力学的前沿研究成果。丛书分为重力场探测理论方法与应用，形变与地壳监测、动力学及应用，GNSS 与 InSAR 多源探测理论、方法应用，基准与海洋、极地、月球大地测量学 4 个板块；既有理论的深入探讨，又有实践的生动展示，既有国际的视野，又有国内的特色，既有基础的研究，又有应用的案例，力求做到全面、权威、前沿和实用。本套丛书面向国家重大战略需求，可以为深空、深地、深海、深测等领域的发展应用提供重要的指导作用，为国家安全、社会可持续发展和地球科学研究做出基础性、战略性、前瞻性的重大贡献，在推动学科交叉与融合、拓展学科应用领域、加速新兴分支学科发展等方面具有重要意义。

本套丛书的出版，既是为了满足广大大地测量与地球动力学工作者和相关领域的科研人员、教师、学生的学习和研究需求，也是为了展示大地测量与地球动力学的学科成果，激发读者的思考和创新。特别感谢大地测量与地球动力学国家重点实验室对本套丛书的编写和出版的大力支持和帮助，同时，也感谢所有参与本套丛书编写的作者，为本套丛书的出版提供了坚实的学术基础。由于时间仓促，编写和校对过程中难免会有一些疏漏，敬请读者批评指正，我们将不胜感激。希望本套丛书的出版，能够为我国大地测量与地球动力学的学科发展和应用贡献一份力量！

中国科学院院士

2024 年 1 月

前言

重力勘探是地球物理勘探中发展最早、最成熟的技术手段之一，在区域重力调查、区域构造研究、油气勘探和固体矿产勘探、煤田和地热勘探、地下空间探测等领域发挥着重要作用。近年来，随着技术手段的不断革新，重力勘探方法技术得到飞速发展，在基础地球科学研究及工程实践中发挥着不可替代的作用。随着应用领域的不断拓展及探测问题难度的不断提升，现今对重力勘查技术的要求越来越高。

随着重力仪器的不断发展，获取重力资料越来越容易，重力资料也越加丰富，对重力异常的精细处理与解释成为国内外学者研究的热点问题，比如在传统滑动窗口平均、向上延拓、方向导数及垂向二阶导数等方法的基础上，发展了小波多尺度分析、向下延拓、边界识别等一系列重力异常精细处理方法；在传统二度体、二度半反演的基础上，重力异常三维反演技术不断发展成熟。本书基于作者多年的研究工作成果，系统地介绍了重力勘探基本理论及其实践应用方法与应用效果，旨在提升重力异常的精细处理与密度反演能力，推动高精度重力探测在地球科学研究、资源勘查、地下空间探测等领域的应用，服务于国家深地资源探测与地球科学研究的重大战略需求。

本书共7章：第1章介绍地面重力勘探基本理论，包含重力场的概念、重力位与正常重力场、重力异常及其获取；第2章介绍地面重力异常的类型及其物理意义，详细阐述了三类常用的重力异常；第3章介绍重力异常精细处理方法，主要针对位场分离与异常识别详细介绍近年来的前沿方法与技术；第4章介绍重力异常正反演方法；第5章介绍面积性重力异常处理解释方法；第6章介绍重力勘探在固体矿产勘探、石油天然气勘探、陆地水变化监测、时移微重力气藏监测以及深部构造研究等领域的应用方式及应用效果；第7章介绍当前地面重力勘探的发展需求、存在问题及展望。

本书相关研究成果是在作者团队成员共同努力下完成的。胡祥云负责总体设计，第1章由张恒磊、胡祥云共同编撰，第2章由唐新功编撰，第3章由张恒磊、胡祥云共同编撰，第4章由刘双、胡祥云共同编撰，第5章由刘云祥、张恒磊共同编撰，第6章由胡祥云、刘云祥、张恒磊和王林松共同编撰，第7章由张恒磊编撰，全书内容由胡祥云进行汇总和整理。本书得到国家自然科学基金"冰岛地区综合地球物理研究"（42220104002）、国家重点研发计划项目"电磁多参数阵列测量仪系统研发及应用示范"

（2023YFF0718000）、国家重点研发计划项目课题"碳酸盐岩热储及温度场探测关键技术研究"（2018YFC0604303）、国家重点研发计划项目"高精度地球物理场观测设备研制"（2018YFC1503700）、国家自然科学基金地质联合基金项目"多地球物理场高温热储响应与识别研究"（U2344218）、国家自然科学基金联合基金项目（重点支持项目）"航空电磁高精度探测及多源信息联合反演研究"（U2444213）、国家自然科学基金面上项目"基于磁化率与各向异性电阻率的多参数电磁法与磁法联合反演"（42274085）、国家海外高层次人才青年项目、"地球物理学国家基础学科拔尖学生培养基地2.0（珠峰班）建设教材"项目联合资助。

由于作者水平有限，书中不足之处在所难免，恳请广大读者批评指正。

作　者

2025 年 1 月

目录

第1章 地面重力勘探基本理论 ··· 1

1.1 重力场的概念 ··· 2
1.1.1 万有引力与离心力 ··· 2
1.1.2 地球重力场概念 ··· 3
1.1.3 地球重力场的变化特征 ··· 3

1.2 重力位 ·· 4
1.2.1 重力位概念 ··· 4
1.2.2 位函数与矢量重力场的关系 ··· 4

1.3 正常重力场 ·· 5
1.3.1 地球的基本形状 ··· 5
1.3.2 大地水准面 ··· 6
1.3.3 大地水准面高 ··· 7
1.3.4 正常重力场的定义 ··· 7
1.3.5 正常重力场的计算 ··· 8

1.4 重力异常、重力梯度及梯度张量异常 ·· 8
1.4.1 重力异常的定义 ··· 8
1.4.2 重力梯度异常 ··· 9
1.4.3 重力梯度张量异常 ··· 10

1.5 重力异常的获取 ·· 13
1.5.1 重力观测仪器 ··· 13
1.5.2 重力观测方式 ··· 14
1.5.3 重力异常计算 ··· 15
1.5.4 岩矿石标本采集与密度测量 ··· 18

    6.3.1　研究背景 ·· 116
    6.3.2　处理效果与分析 ··· 117
  6.4　时移微重力气藏监测 ·· 129
    6.4.1　研究背景 ·· 129
    6.4.2　采集处理效果与分析 ··· 132
  6.5　深部构造研究 ··· 140
    6.5.1　研究背景 ·· 140
    6.5.2　研究方法与结果分析 ··· 141

第 7 章　地面重力勘探发展展望 ·· 146
  7.1　地面重力观测方式发展展望 ··· 146
  7.2　地面重力异常数据处理方法发展展望 ··· 147

参考文献 ·· 149

第1章 地面重力勘探基本理论

古希腊的伟大学者亚里士多德（公元前384～公元前322年）曾提出：运动物体的下落时间与其重量成比例。这一观点直到16世纪才被意大利物理学家伽利略（1564～1642年）所否定，他从大量的实验中总结出：物体坠落的路径与它经历的时间的平方成正比，而与物体自身的重量无关。这是人类第一次对重力现象有了科学的认识。1854～1855年，普拉特（Pratt）和艾里（Airy）第一次把重力变化与地壳内部地质结构联系起来，提出了地壳均衡假说，指出通过重力测量可以研究地质构造。重力测量方法真正比较广泛地应用于地质勘探领域，主要是从第一次世界大战以后开始的。

最初用于重力测量的仪器是数学摆。但是，由于摆长和周期不易测准，再加上其他因素（如温度变化等）的干扰，当初重力测量的精度较低。1896年，匈牙利科学家厄缶抛开了摆的原理和方法，发明了一种测定重力位某些二阶导数的仪器——扭秤。1901年，他使用扭秤在巴拉顿湖进行了第一次重力测量，后来用它在捷克、德国、埃及和美国的石油勘探中寻找盐丘等储油构造获得了成功。到1908年，他又从理论和实践方面说明了应用扭秤测量研究地壳上层地质构造的可能性和效果，扭秤也就成了以后一段时间中重力勘探的主要仪器。1922年，厄缶扭秤由Shell和Amerade公司进口到美国，1922年12月，通过Spindletop油田的试验性测量，清楚地表明这个构造能够被扭秤发现，从而开创了石油地球物理勘探的历史。1924年末，在美国得克萨斯（Texas）州布拉佐里亚（Brazoria）县，用Nash盐丘的一口试验井，验证了重力仪器——扭秤，根据这一结果在世界上首次用地球物理方法发现了石油。由于此类仪器比较笨重，而且工作效率很低（测一个点至少需要1.5 h），以及其他方面的缺点，到20世纪50～60年代，扭秤基本被现代重力仪所代替。1934年，拉科斯特（LaCoste）提出了零长弹簧的原理，并在1939年制造出第一台可以工作的LaCoste重力仪。后来LaCoste&Rombery重力仪成为世界上使用最广泛的重力仪。

20世纪50年代，重力仪的精度达到毫伽（mGal）级，一般为零点几毫伽。20世纪70年代，已达到微伽（μGal）级，如LaCoste&Rombery重力仪的精度已经达到几个微伽，即千分之几毫伽。现在重力仪的精度还在不断提高。由于重力异常的量值仅占重力全值中的极小比例，因而轻便、实用的相对测量重力仪在20世纪40年代出现后，便得到了广泛的应用和发展。随着现代科技水平、材料科学、测试技术的发展，精度更高的重力仪正在逐步问世，重力勘探技术得以广泛发展和应用。1949年中华人民共和国成立后，勘探重力学与其他地球物理学分支学科一样，从无到有得到了极大的发展。当前勘探重力学不仅仅具有"找矿"的含义，而且已经扩大到研究地球的结构及地壳的构造。

1.1 重力场的概念

广义上讲，任何天体对物体的作用力都称为重力，如月球重力、火星重力等，本书针对地面重力勘探，所指重力仅指地球重力。两千年前，战国时期墨子曾说："凡重，上弗挈，下弗收，旁弗劫，则下直"，意思是当物体不受到任何人为作用时，它做垂直下落运动，这是中国古人对重力作用于物体之后的结果的最早描述。三百多年前牛顿发现了万有引力，指出任何物体之间都有相互吸引力，这个力的大小与各个物体的质量成正比，而与它们之间的距离的平方成反比。

1.1.1 万有引力与离心力

万有引力定律是牛顿于1687年在《自然哲学的数学原理》上所发表的一种自然科学领域定律，即任何两个质点都存在通过其连心线方向上的相互吸引的力。该引力的大小与它们质量的乘积成正比，与它们距离的平方成反比，与两物体的化学组成和其间介质种类无关。万有引力与相作用物体的质量乘积成正比，是发现引力平方反比定律过渡到发现万有引力定律的必要阶段。牛顿从1665年至1685年，用了整整20年的时间，才沿着离心力—向心力—重力—万有引力概念的演化顺序，终于提出"万有引力"的概念。万有引力定律的发现，是17世纪自然科学最伟大的成果之一。它把地面上物体运动的规律和天体运动的规律统一起来，对以后物理学和天文学的发展都具有深远的影响。它第一次揭示了（自然界中四种相互作用之一）一种基本相互作用的规律，在人类认识自然的历史上树立了一座里程碑。

惯性离心力是一种重要的力学现象，它是指物体在旋转或做圆形运动时，物体会受到惯性离心力的作用。最早认识到惯性离心力的人是英国物理学家伽利略。牛顿研究了惯性离心力，认为物体受到的惯性离心力会使其离开轨道上的其他物体，以此建立起惯性离心力的概念。在物理学中，惯性离心力是指一种在运动中存在的力，它会使物体产生一种持续的脱离力。

如果忽略日、月等天体对地面物体微弱的吸引作用，则在地球表面及其附近空间的物体会受到两种力的作用（图1.1），一是地球所有质量对它产生的吸引力 F；二是地球自转而引起的惯性离心力 C，两种力的合力称为重力 P：

$$P = F + C \tag{1.1}$$

式中

$$F = G\frac{m_1 m_2}{l^2} \cdot \frac{l}{|l|} \tag{1.2}$$

$$C = m_1 \omega^2 r \tag{1.3}$$

式中：G 为万有引力常数，$G=6.67\times10^{-11}\text{m}^3/(\text{kg}\cdot\text{s}^2)$；$m_1$、$m_2$ 为物体质量；l 为两个物体之间的距离；ω 为旋转角速度；r 为旋转半径。

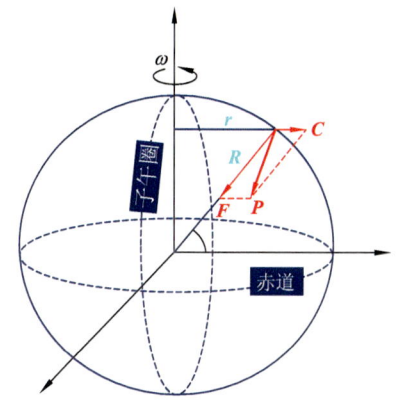

图 1.1　重力 P 与万有引力 F 和惯性离心力 C 的矢量关系示意图

1.1.2　地球重力场概念

地球重力场（earth's gravity field）是地球重力作用的空间。通常指地球表面附近的地球引力场。在地球重力场中，每一点所受的重力的大小和方向只同该点的位置有关，与其他力场（如磁场、电场）一样，地球重力场也有重力、重力线、重力位和等位面等要素。研究地球重力场，就是研究这些要素的物理特征和数学表达式，并以重力位理论为基础，将地球重力场分解成正常重力场和异常重力场两部分进行研究。

（1）重力场强度。根据牛顿第二定律，质量为 m 的物体在重力场中所受的力为 G（即重力）。可见，力与物体的质量有关，换而言之，它难以反映客观的重力变化。只有考虑单位质量的物体在重力场中所受的力，才能用来衡量其大小。因此，将单位质量的物体在重力场中所受的力称为重力场强度。

（2）重力单位。在国际单位制中，g（重力加速度）的单位为 $1\ \text{m/s}^2$，规定 $1\ \text{m/s}^2$ 的百万分之一为国际通用重力单位（gravity unit），简写为 g.u.，即 $1\ \text{m/s}^2 = 10^6$ g.u.。

为了纪念第一个测定重力加速度值的意大利著名物理学家伽利略，有时取 $1\ \text{cm/s}^2$ 作为重力的一个单位，称作"伽"（Gal）。在实际使用中通常取"伽"的千分之一，即"毫伽"作常用单位。

$$1\ \text{Gal} = 10^3\ \text{mGal} = 10^6\ \mu\text{Gal}$$
$$1\ \text{mGal} = 10\ \text{g.u.}$$
$$1\ \text{mGal} = 10^{-5}\ \text{m/s}^2$$

1.1.3　地球重力场的变化特征

地球重力的数值依不同地点的海拔和纬度而异。以海平面计算为例，在地球赤道的重力值约为 $9.780\ \text{m/s}^2$，在两极约为 $9.832\ \text{m/s}^2$。一般而言，在同一海拔下，位于赤道地区的重力最小，而处于两极处的重力最大。而海拔越高，地球重力越小，这就是物体在卫星或飞船上总是处于"微"重力的缘故。

地球不是标准的球体，其赤道平均半径要略大于两极平均半径，形状上好似一个两极压扁的椭球体。显然，即使地球内部是均匀的，在其表面产生的引力也将是不同的。测量结果表明，地球两极地区引力值要比赤道地区的高出约 0.018 m/s²。实际上，地球表面是凹凸不平的，而且内部的物质密度也不均匀，这将导致引力各处不同。导致地球重力随纬度变化的另一个重要因素是惯性离心力。如果地球稳定地围绕地轴匀速旋转，物体受到的惯性离心力仅与它的到地轴的距离有关。惯性离心力在赤道上最大，约为 0.0339 m/s²，而在两极处等于零。赤道处的离心力大致为地球平均引力的 1/300，相对于地球引力较小，因此惯性离心力对地球引力的方向改变不大。所以说，地球重力大致由测量地点指向地心。

1.2 重 力 位

1.2.1 重力位概念

在重力场中，单位质量质点所具有的能量称为此点的重力位。重力位又称重力势。它的数值等于单位质量的质点从无穷远处移到此点时重力所做的功，常用符号 W 表示。

地球的重力位则为地球的引力位和惯性离心力位的代数和。重力位函数是位置坐标的函数，它在各个方向的导数值就是重力场强在该方向上分量的大小。重力位函数在铅垂方向的导数，就是该点的重力值，在数值上等于重力加速度 g 值。正常椭球产生的重力位称为正常重力位。

1.2.2 位函数与矢量重力场的关系

重力测量是通过测量重力场的不同分量，研究地下密度分布不均匀的地质异常体引起的重力异常，进而达到研究地球结构和寻找矿藏的目的。常规的重力测量观测重力值的铅垂一次导数，即 Δg 或 V_z。

在笛卡儿坐标系下，质量连续以体密度 $\sigma(\xi, \eta, \zeta)$ 分布在空间一体积 V 中，则可将体积 V 分为无数体积元 dV，使每个体积元中的质量为 dm，根据万有引力定律，该质量单元在点 P 激发的场强度为

$$F = G \int_V \frac{\sigma}{l^2} \cdot \frac{l}{|l|} dV \tag{1.4}$$

场力做功与路径无关，只取决于路径的起点（P_0）和末点（P）的位置，因此可以引入相应的标量函数 $V(P_0)$ 和 $V(P)$，使功 A 等于：

$$A = \int_{P_0}^{P} F \cdot dl = V(P) - V(P_0) \tag{1.5}$$

这个函数 V 称为引力场的位，它是位置坐标的单值函数。$V(P)$ 是任意观察点 P 的位；$V(P_0)$ 是某一选定点 P_0 的位，为一任意固定的常数，有时称为标准点的位，P_0 称为标准

点。当质量分布在有限空间时，常将标准点选在无限远处，即与观察点不发生场的干扰之处，因而设 $V(\infty)=0$。

将点质量的场强代入位的定义中，即得点质量 m 的场中任一点 P 的位：

$$V = \int_{\infty}^{P} F \cdot dl = -\int_{\infty}^{P} \frac{Gm}{\rho^3} \rho \cdot dl = -\int_{\infty}^{P} G \frac{m}{\rho^2} d\rho \qquad (1.6)$$

$$V = G\frac{m}{\rho}, \quad \rho \neq 0 \qquad (1.7)$$

重力场的性质除了用矢量 g 来描述，还可以用重力位这一标量函数来描述。由重力各分量沿着力的方向积分可得

$$W = G\int_V \frac{dm}{\rho} + \frac{1}{2}\omega^2 r^2 = V(x,y,z) + U(x,y,z) \qquad (1.8)$$

式中：W 为重力位；V 为引力位；U 为惯性离心力位。

对该标量函数 W 沿不同方向求导数，恰好等于重力场强度（g）在相应方向（s）上的分量：

$$g = \text{grad}\, W = \frac{\partial W}{\partial x}\mathbf{i} + \frac{\partial W}{\partial y}\mathbf{j} + \frac{\partial W}{\partial z}\mathbf{k} \qquad (1.9)$$

即重力位沿坐标方向的偏导数等于重力在该方向上的分量：

$$\begin{cases} \dfrac{\partial W}{\partial x} = g_x = G\int_M \dfrac{\xi-x}{\rho^3}dm + \omega^2 x \\ \dfrac{\partial W}{\partial y} = g_y = G\int_M \dfrac{\eta-y}{\rho^3}dm + \omega^2 x \\ \dfrac{\partial W}{\partial z} = g_z = G\int_M \dfrac{\zeta-z}{\rho^3}dm \end{cases} \qquad (1.10)$$

1.3 正常重力场

1.3.1 地球的基本形状

我国早在两千多年前就存在着一种"天圆如张盖、地方如棋局"的盖天说，即：天像一个锅，是半圆的；而地则像一个方形的棋盘，是平的。但这一观点遭到很多古人的反对。随着生产技术的发展、人类活动范围的扩大和各种知识的积累，人们终于发现，有一些客观现象是无法用早期的那种直观而质朴的观念来解释的。实践迫使人们不得不改变原来的错误观念。古希腊学者亚里士多德根据月食的景象分析认为，月球被地影遮住的部分的边缘是圆弧形的，因此地球是球体或近似球体。麦哲伦还通过一次航海，进一步用事实证明了地球是球体。随着人类科技的发展和现代探测技术的运用，人们最终发现地球是一个两极稍扁、赤道略鼓的不规则球体。

关于地球的形状，历史上存有广泛争议。牛顿提出，地球由于绕轴自转，不可能是正球体，而只能是一个两极压缩、赤道隆起，像橘子一样的扁球体，并得出了万有引力

定律。但牛顿的理论遭到了反对，当时巴黎天文台卡西尼父子，就提出了反对意见，他们认为，地球长得更像一个西瓜。为了研究地球的形状，18世纪30年代，法国国王路易十四派出大地测量队到赤道附近的秘鲁（Peru）和芬兰北部的Lapland（约68°N），测量靠近赤道和北极极处地球表面的曲率半径。他们采用三角测量方法，测量了沿地球表面在南北方向的一段弧长；同时采用天文测量方法测量了弧的两端铅垂线方向的偏差。计算出的靠近极地和赤道处的曲率半径表明，如牛顿预测的那样，地球在两极是平坦的，即牛顿的扁球理论是正确的。

地球自然表面的形状比较复杂，然而它的表面大部分被海水覆盖，陆地上的地形起伏相对于海平面的高度或与地球平均半径相比，其值甚微。所以，在研究地球形状时，人们把平均海洋面顺势延伸到大陆所形成的封闭曲面，即大地水准面的形状，作为地球的基本形状。这个形状的一级近似，可视为平均半径为 6376 km 的正球面；二级近似是一个两极半径略小于赤道半径的二轴椭球面。

1.3.2 大地水准面

大地水准面（geoid）是由静止海水面向大陆延伸所形成的不规则的封闭曲面。大地水准面或似大地水准面是获取地理空间信息的高程基准面。它是重力等位面，即物体沿该面运动时，重力不做功（如水在这个面上是不会流动的）。大地水准面是描述地球形状的一个重要的物理参考面，也是海拔系统的起算面。大地水准面的确定是通过确定它与参考椭球面的间距——大地水准面差距（对似大地水准面而言，则称为高程异常）来实现的。

大地水准面是大地测量的基准之一，确定大地水准面是国家基础测绘中一项重要的工程。它将几何大地测量与物理大地测量科学地结合起来，使人们在确定空间几何位置的同时，还能获得海拔和地球引力场关系等重要信息。大地水准面的形状反映了地球内部物质结构、密度和分布等信息，对海洋学、地震学、地球物理学、地质勘探、石油勘探等相关地球科学领域研究和应用具有重要作用。随着大地测量学科的发展，确定大地水准面的研究已经有一个多世纪，特别是近半个世纪来，随着卫星大地测量和相关地学学科的发展，这一领域的研究日趋活跃，确定一个高分辨率高精度的全球大地水准面已成为21世纪大地测量学科发展带有全局性的战略目标。大地水准面是测绘工作中假想的包围全球的平静海洋面，与全球多年平均海水面重合，形状接近一个旋转的椭球体，是地面高程的起算面。

一个假想的、与静止海水面相重合的重力等位面，以及这个面向大陆底部的延伸面。它是高程测量中正高系统的起算面。大地水准面是一个特殊的重力等位面。简单地说，大地水准面是与地球表面重合最好的重力等位面。由于地球表面约71%被海水覆盖，若海水面是一个平静面，大地水准面是由静止海水面并向大陆延伸所形成的不规则的封闭曲面，但海水面永远不会平静，一般是将平均海平面作为大地水准面。由于绝大多数陆地在大地水准面以上，陆地物质所产生的引力必将影响大陆地区的重力位的数值，使重力等位面形状产生变化。所以大地水准面是一个十分复杂的曲面。大地水准面这一概念最早由德国数学家利斯廷（Listing）于1873年提出。作为大地测量基准之一，大地水准面是描述地球形状的一个重要物理参考面，也是海拔系统的起算面，使人们在确定空间几何位置的同时，还能获得海拔和地球引力场关系等重要信息。

1.3.3　大地水准面高

大地水准面作为地球表面基本形状的近似表达，它是一个物理曲面；地球椭球面作为地球表面基本形状的数学表达，它是一个数学曲面。两者（大地水准面和地球椭球面）存在差异，其差异称为"大地水准面高"或"高程异常"。大地水准面高是大地水准面相对于理想的地球椭球面的高程差异。

近年来的卫星大地测量和卫星重力测量成果表明，全球高程异常的分布具有区带性，总体上，高程异常正、负区带由南至北贯穿。大地水准面的起伏，宏观地反映了地球的形状及地球内部物质密度分布的不均匀性，高程异常也可用来研究地球内部物质密度分布。

1.3.4　正常重力场的定义

两极扁平的球体的引力，在同一个水准面上的两极处数值最大，赤道处最小；而惯性离心力则是距旋转轴越远，数值越大，显然在地球表面赤道处最大，两极处为零。总体上，地球重力的数值随纬度变化，并且在两极处最大，赤道处最小。

在地面进行重力测量时，地下分布有各种地质构造和岩石，其密度不尽相同，作为引力场源，它们在不同测点上产生引力也不同。在起伏的地形上进行重力测量时，测点的高程的变化会产生三种效应：①测点高程变化意味着距地心距离变化，地球在测点的引力会变化；②每个测点周边地表物质在的测点产生引力也不同；③每个测点因高程变化相对地下构造和岩石的位置也在变化，地质构造和岩石产生的引力也不同。

想要研究地球重力的变化需要建立一个标准，即所谓"正常重力"。这个正常重力应该反映地球形状的特点以及惯性离心力的存在（如随纬度的变化）。可以把地球内部物质分布和表面形状理想化，构造一个"正常的地球重力"，即进行如下假设。

（1）地球是一个两极压扁且表面光滑的旋转椭球体，正常地球的表面就是正常重力的等位面。

（2）地球内部物质密度均匀或呈层状均匀（层面共焦点，层内均匀），正常地球的总质量等于实际地球的总质量，而且两者质心重合。

（3）地球是一个刚体，围绕唯一的旋转轴旋转时内部各质点位置不变。

（4）地球的质量、自转角速度不变，正常地球的旋转轴与实际地球的旋转轴重合，两者角速度相等。

引入一个与大地水准面形状十分接近的正常椭球体来代替实际地球。假定正常椭球体的表面是光滑的，内部的密度分布是均匀的，或者呈层分布且各层的密度是均匀的，各层界面都是共焦点的旋转椭球面，这样这个椭球体表面上各点的重力位便可根据其形状、大小、质量、密度、自转的角速度及各点所在位置等计算出来。在这种条件下得到的重力位就称为正常重力位，求得的相应重力值就称为正常重力值。

1.3.5　正常重力场的计算

常用的正常重力公式如下。

（1）赫尔默特 1909～1911 年公式：
$$\gamma_0 = 9.780\,300(1 + 0.005\,302\sin^2 B - 0.000\,007\sin^2 2B) \text{ m/s}^2 \tag{1.11}$$

（2）卡西尼 1930 年公式与海福特国际椭球配合使用的卡西尼正常重力公式：
$$\gamma_0 = 9.780\,490(1 + 0.005\,288\,4\sin^2 B - 0.000\,005\,9\sin^2 2B) \text{ m/s}^2 \tag{1.12}$$

（3）1979 年国际地球物理和大地测量联合会颁布的公式：
$$\gamma_0 = 9.780\,327(1 + 0.005\,302\,4\sin^2 B - 0.000\,005\sin^2 2B) \text{ m/s}^2 \tag{1.13}$$

中华人民共和国地质矿产行业标准《区域重力调查规范》（DZ/T 0082—2021）推荐采用第 17 届国际大地测量学和地球物理学联合会（International Union of Geodesy and Geophysics，IUGG）通过、国际大地测量协会（International Association of Geodesy，IAG）推荐的 1980 年大地测量参考系统中的正常重力公式计算大地水准面上的重力值，其公式为

$$\gamma_0 = 9.780\,327(1 + 0.005\,302\,4\sin^2 B - 0.000\,005\,8\sin^2 2B) \text{ m/s}^2 \tag{1.14}$$

在区域不大情况下进行相对重力测量时，有时只需要计算相对布格异常值，这时需要针对某一个基准面进行校正，正常场则采用相对纬度校正。中华人民共和国地质矿产行业标准《大比例尺重力勘查规范》（DZ/T 0171—2017）推荐采用纬度校正的方式计算地球正常重力场的影响，其公式为

$$\delta\gamma_0 = 5203.3258\sin 2B_0 \sin(B - B_0)10^{-5} \text{ m/s}^2 \tag{1.15}$$

式中：B 为测点纬度；B_0 为基点纬度。

地球正常重力场的主要特征如下。

（1）正常重力值不是客观存在的，它是人们根据需要而提出来的。

（2）正常重力值只与纬度有关，在赤道处最小（9.780 300 m/s^2），两极处最大（9.832 087 m/s^2），相差约 5178 mGal。

（3）正常重力值随纬度变化的变化率，在纬度 45°处最大，而在赤道和两极处为零。

（4）正常重力值随高度增加而减小，其变化率为-3.086 μGal/cm。

1.4　重力异常、重力梯度及梯度张量异常

1.4.1　重力异常的定义

若在大地水准面上的点 A 进行观测，令地下岩石的密度均匀分布且都为 σ_0 时，其正常重力为 g_φ。当点 A 附近的地下存在一个密度为 σ 的地质体，且其体积为 V 时，这个地质体相对于四周围岩便有一个剩余密度 $\Delta\sigma$，其大小为 $\Delta\sigma = \sigma - \sigma_0$。该地质体相对于围岩

的剩余质量为 $\Delta\sigma \cdot V$。

当 $\sigma > \sigma_0$ 时，则剩余密度 $\Delta\sigma$ 为正，或称地质体是"密度过剩"的，并引起正的重力异常。当 $\sigma < \sigma_0$ 时，则剩余密度 $\Delta\sigma$ 为负，或称地质体是"密度亏损"的，引起负的重力异常。

若令这个地质体在 A 点引起的引力为 F，则在 A 点的总的观测重力 g_T 应为 g_N 与 F 的矢量之和，则重力异常可表示为

$$\Delta g = g_T - g_N \tag{1.16}$$

由于 g_N 的值达 9.8 m/s^2，即 $9.8 \times 10^5 \text{ mGal}$，而 F 的值仅达 10^2 mGal 量级，所以 g_T 与 g_N 两者的方向相差甚微，因而重力异常的垂直分量的幅值可表示为

$$\Delta g_z = F\cos\theta \approx g_T - g_N \tag{1.17}$$

在重力勘探中所称的由某个地质体引起的重力异常，就是地质体的剩余质量所产生的引力在重力方向或者铅垂方向的分量。因此，重力异常实质上就是引力异常。如果有多个地质体存在，在一个测点处的重力异常就是各个地质体在这个测点引起的引力异常在铅垂方向的叠加。

1.4.2 重力梯度异常

匈牙利物理学家厄缶在 1890 年设计、制造了后来以他的姓氏命名的扭秤，厄缶扭秤可以很精密地测量重力的水平梯度和等位面最大曲率与最小曲率之差，也就是测量重力位的几个二次导数和二次导数的线性组合，即 V_{xy}、V_{xz}、V_{yz} 和 $V_\Delta = V_{yy} - V_{xx}$，$V$ 为重力位，重力位二次导数的单位是厄缶（用 E 表示，$1 E = 10^{-9}/\text{s}^2$），以纪念这位匈牙利物理学家。20 世纪 10 年代在匈牙利、德国、捷克和斯洛伐克用厄缶扭秤圈定与油藏有关的盐丘，在斯洛伐克利用扭秤发现了石油，这可以说是重力勘探的开始。美国于 1922 年引进厄缶扭秤，1924 年就在得克萨斯发现了第一个大油田，20 世纪 20~30 年代，扭秤在美国普查石油工作中曾起过很重要的作用。近年来，随着仪器研制水平的提升，地面重力梯度测量和机载重力梯度测量技术得到快速发展。地面探测仪器的代表为冷原子干涉式重力梯度仪。法国 Muquans 公司利用单个垂直激光束同时测量一对激光冷原子从不同高度自由落体所经历的垂直加速度，由此得到重力梯度，其测量灵敏度约为 $70 E/\sqrt{\text{Hz}}$（Janvier et al.，2020）。由于航空重力梯度测量的速度快、测区基本不受限（熊盛青，2009），且能够反映更深的地质体及构造特征，国内外对此进行了深入研究。其中量子重力梯度仪是近年来快速发展起来的一种基于量子精密测量技术的新型高精度重力梯度测量设备。量子重力梯度仪与传统机电式重力梯度仪相比，重力加速度敏感单元由微观原子替代宏观的质量单元，可有效保证重力敏感单元的一致性，提高共模噪声抑制比。国内外有多个团队开展了量子重力梯度仪相关研究，国外有美国斯坦福大学、法国巴黎天文台、意大利佛罗伦萨大学和英国伯明翰大学等机构；国内有中国科学院精密测量科学与技术创新研究院、浙江工业大学和华中科技大学等。其中，英国伯明翰大学、浙江工业大学和中国科学院精密测量科学与技术创新研究院等机构都相继开展了量子重力梯度仪外场应用试验，为后续的勘探应用奠定了基础。

$$V_{yz}=V_{zy}=3G\iiint_V \frac{(y-\eta)(z-\zeta)\rho\mathrm{d}\xi\mathrm{d}\eta\mathrm{d}\zeta}{[(\xi-x)^2+(\eta-y)^2+(\zeta-z)^2]^{5/2}} \tag{1.23}$$

$$V_{zz}=3G\iiint_V \frac{[2(\zeta-z)^2-(\xi-x)^2-(\eta-y)^2]\rho\mathrm{d}\xi\mathrm{d}\eta\mathrm{d}\zeta}{[(\xi-x)^2+(\eta-y)^2+(\zeta-z)^2]^{5/2}} \tag{1.24}$$

图 1.4 所示为一球体产生的重力异常特征，图 1.5 反映了球体产生的重力梯度张量 9 个分量的异常特征，根据位场的无旋性可知，其中 $g_{xy}=g_{yx}$，$g_{xz}=g_{zx}$，$g_{yz}=g_{zy}$；根据位场拉普拉斯方程可知，重力梯度张量中具有 5 个独立量 g_{xx}、g_{xy}、g_{xz}、g_{yy}、g_{yz}。

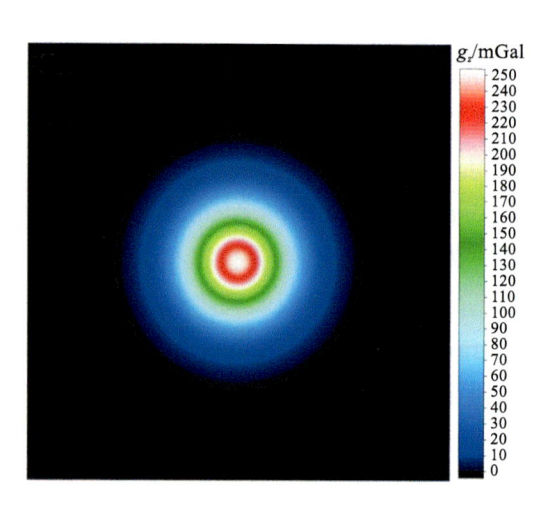

图 1.4 球体重力异常

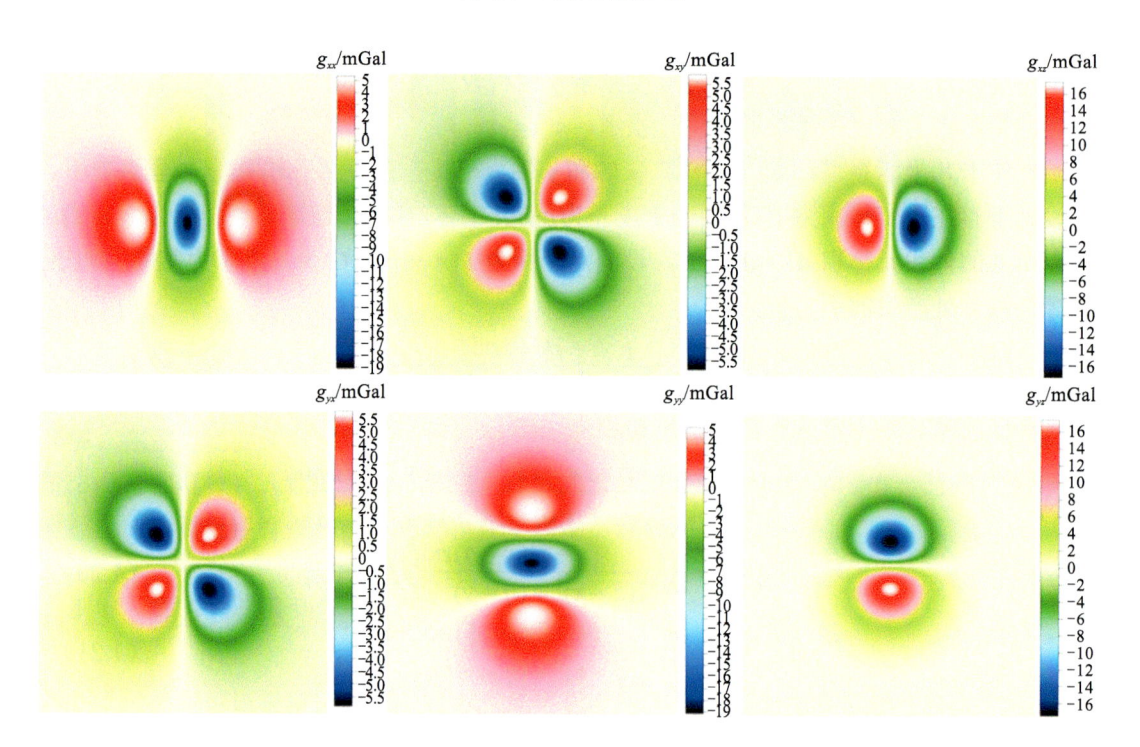

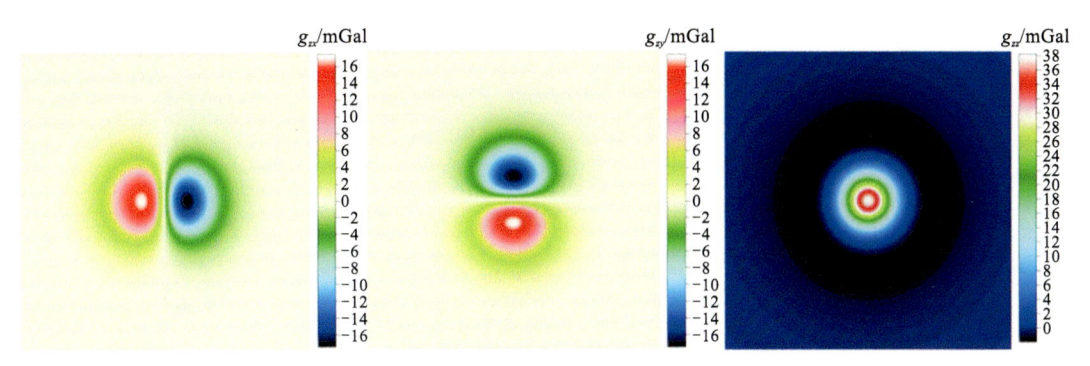

图 1.5　球体重力梯度张量异常 9 个分量示意图

1.5　重力异常的获取

观测重力值中包含重力正常值及重力异常值两部分。将实测重力值减去该点的正常值，得到重力异常值。因此，某点的重力异常值 Δg 也可以定义为该点的实测重力值 g 与该点的正常重力值 γ_0 之差，即

$$\Delta g = g - \gamma_0 \tag{1.25}$$

地下物质密度分布不均匀引起重力随空间位置的变化。在重力勘探中，将由地下岩石、矿物密度分布不均匀所引起的重力变化，或地质体与围岩密度的差异引起的重力变化，称为重力异常。在实际研究应用中，地形、固体潮等因素也会造成观测重力值发生变化，因此，这类非"地质因素"引起的重力异常需在资料整理过程中加以校正去除。本节根据当前地面重力勘查实践中广泛采用的拉科斯特金属弹簧重力仪、CG 系列石英弹簧重力仪等相对重力测量仪器，详细描述重力异常的获取方式。

1.5.1　重力观测仪器

零长弹簧重力仪是当前国内外广泛使用的重力仪，如美国 LaCoste&Romberg 公司生产的拉科斯特重力仪、加拿大 Scintrex 仪器公司生产的 CG 系列重力仪，以及美国零长弹簧公司（Zero-Length Spring Corporation）生产的贝尔雷斯（Burris）金属零长弹簧自动重力仪，它是 LaCoste&Romberg 陆地重力仪的升级产品和重大改进。零长弹簧是一种按特定条件制成的弹簧，其弹力与弹簧支点到力作用点之间的距离呈比例，即弹力与弹簧的长度呈比例，而不是与它的伸长量呈比例。这就意味着应力应变曲线是一条通过原点的直线，好像弹力为"零"时对应的弹簧起始长度为零。

相对重力仪是通过测量弹簧在不同重力作用下伸长量的变化来测定重力变化的，重力发生改变后，平衡系统位移达到新的平衡，通过外界加力补偿，使其重新回到重力变化以前的位置。通过测算外力，即可得到重力变化。CG-5AutoGrav 型重力仪是加拿大 Scintrex 公司生产的最新型工业重力仪。该公司于 1988 年开始生产新型的全自动 CG-3

型重力仪，CG-5 型重力仪（图 1.6）是继 CG-3AutoGrav 之后发展起来的最新升级的换代产品，也是目前世界上最先进的地面重力仪，在地面重力调查中被广泛使用。该仪器机械设计简单，仪器外形呈方形，仪器尺寸为 30 cm×21 cm×22 cm，质量（含电池）为 8 kg。仪器主要参数如下：①读数分辨率为 1 μGal；②有典型重复性，小于 5 μGal；③测量范围为 8000 mGal（无重设置）；④长期剩余漂移（小于 0.02 mGal/天）；⑤存在自动倾斜补偿（±200 arcsec）；⑥电池容量为 2×6 Ah（10.78 V）；⑦功耗为 25 ℃时 4.5 W；⑧正常工作温度范围为-40～+45 ℃；⑨环境温度系数为 0.2 μGal/（°）（典型值）；⑩压力系数为 0.15 μGal/kPa（典型值）。

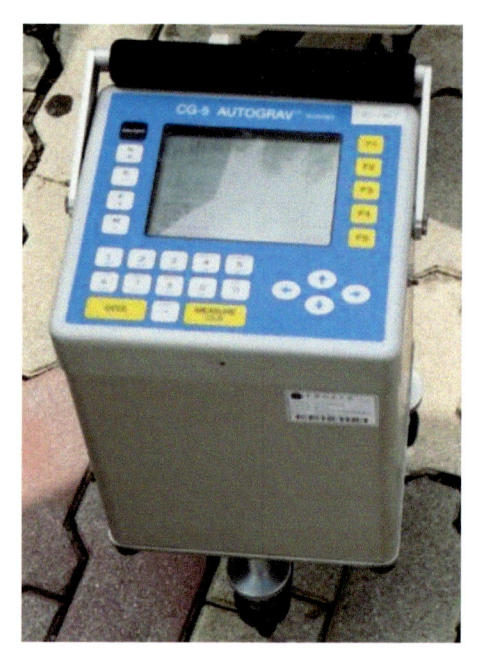

图 1.6　CG-5 型重力仪外观

1.5.2　重力观测方式

重力测量首先要布设基点，控制重力仪零位漂移和观测误差。当测区面积很大时，只设一个基点工作很不方便，为了控制普通测点的测量精度，减少误差积累和提高效率，须设立多个基点。这些基点相互联系就组成基点网。基点网的设立原则根据勘查任务参考《大比例尺重力勘查规范》（DZ/T 0171—2017）、《陆上重力勘探技术规程》（SY/T 5819—2010）等重力勘查规范。

基点网观测应全部采用重复观测的方法，其观测方式的选择是以能对观测数据进行可靠的零点漂移校正，能满足设计的精度要求为原则。当选用的重力仪零点漂移量很小且近于线性时，可以单向循环重复或往返重复方式进行，否则应采用多台仪器重复观测方法。目前最常用的是三重小循环观测，即采用 1→2→1→2→3→2→3→4→3→4……的观测路线，如图 1.7 所示。如此观测可以分别计算出 A、B 基点间两个非独立增量，最后由这两个非独立增量的平均值计算出该段的总平均值，称为一个独立增量。

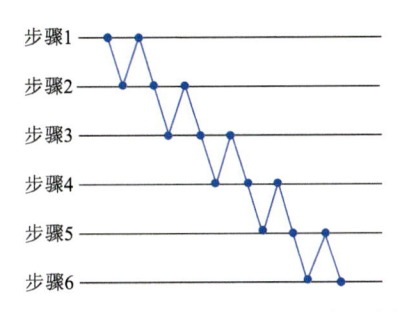

图 1.7 重力三重小循环观测方式示意图

每个工作单元首尾必须连接基点，即从某一个基点出发（早基点）经过一些测点后回到该基点（晚基点）的闭合观测，其路线如图 1.8 所示。早晚基点间观测的时间不能超出仪器零位变化为线性范围的最大时间间隔，一般情况下当天闭合基点。早基点观测首先在基点附近选择辅基点，进行"基—辅—基"观测，前后两次基点读数之差小于特定值，如大比例尺重力勘查通常小于 10 μGal。普通测点一般采用单次重复观测方法，通常采用每个点观测三次，取三次观测的平均值作为该点的重力测量结果。在测量过程中，外力作用可能导致重力仪器出现掉格现象、仪器欠稳定测量不准确，即使稳定一段时间后再投入工作，也会因为掉格使得零漂改正失真。因此一旦发生磕碰，应回测 2～3 个点并完成晚基点测量后重新开始下一轮测量，严重时当天工作作废。

图 1.8 重力普通测点单次重复观测示意图

为了检查普通点上重力观测的质量，需要抽取一定数量的测点进行检查观测，一般检查点数应占总点数的 3%～5%。检查点的分布应做到时间上、空间上都大致均匀，即每天（每一测段）的观测或每一条测线都应受到检查。检查应及时进行，以便及时发现问题。就检查观测而言，规范要求是"一同三不同"，即测点位置相同；而观测人员、观测时间、观测仪器不同。受重力仪的限制，有时也可以采用"二同二不同"（同点位、同仪器、不同时间、不同操作员）的方式。重力仪前后两次的观测值，其观测时间不同、观测位置可能也有差异（主要是由调平造成的仪器底盘高度），因此不能直接通过比较前后两次观测值来衡量观测精度。

1.5.3 重力异常计算

使用重力仪在测点上进行观测时，其读数的变化既包含测点间的重力变化，也包含仪器本身零位的变化，还包含重力场随时间的变化。为了消除仪器本身零位变化和重力场随时间变化的影响，需要进行重力固体潮改正、仪器底盘高度改正、零漂改正、正常场改正、地形改正、布格改正等一系列改正。

1. 重力固体潮改正

地球固体表面在重力固体潮日、月引力作用下，发生与海潮类似的周期性涨落现象，称为固体潮。固体潮的存在会引起重力观测值的变化，为了消除这一变化而引入的改正称为固体潮改正。根据多年测定，重力固体潮最大变化为 2~3 g.u.，因此在高精度重力勘探中必须考虑这一因素的影响。根据描述地球弹性及其对引潮力响应特征的勒夫（Love）数和各类体潮的潮汐参数，可以从理论上预测出重力固体潮。

2. 仪器底盘高度改正

在每个重力测点进行观测时，由于仪器底盘放置高度和观测点高度不一致，需要引入仪器底盘高度改正以消除这一因素的影响。改正的方法与自由空间改正类似。

3. 零漂改正

利用早晚基点观测，可以进行零点漂移改正。如图 1.9 所示，设早基点时刻 t_1 对应的观测值是 S_1，晚基点 t_2 时刻对应的观测是 S_2，则重力观测任意时刻 t_i 对应的零漂改正计算公式为

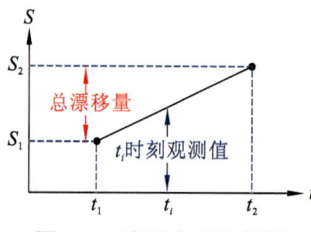

$$\delta S_i = -\frac{S_2 - S_1}{t_2 - t_1}(t_i - t_1) \tag{1.26}$$

图 1.9 零漂改正示意图

4. 正常场改正

中华人民共和国地质矿产行业标准《区域重力调查规范》（DZ/T 0082—2021）推荐采用式（1.14）计算大地水准面上的重力值。

若在较小的勘查工区进行相对正常场校正，即纬度校正，可考虑用下列公式：

$$\delta g_\varphi = -0.000\,814\sin 2\varphi_0 \times (X - X_0) \tag{1.27}$$

式中：φ_0 为测区基点地理纬度；X 和 X_0 分别为测点北向坐标和基点的北向坐标，m；δg_φ 为正常场改正值，mGal。

5. 地形改正

根据测点周围地形分块的形状，地形改正方法主要分为扇形分区法和方形域法。扇

形分区法是一种利用地形校正量板进行手算的方法,在重力勘探中流行了许多年,现在除近区 10~20 m 使用外很少使用;方形域法是广泛使用的采用计算机的快速算法。

通常作地形改正是把测点(计算点)周围地区分为近区、中区、远区,在这三个区内,地形比例尺、精度不同,即近区的比例尺大、精度要求高;而中区、远区的比例尺小,精度要求较低。在金属矿高精度重力勘探中,近区为 0~20 m,中区为 20~200 m,200 m 为远区;在区域重力调查中,近区为 0~50 m(或 100 m),中区为 50(或 100 m)~2000 m,远区可分为远一区(2~20 km)和远二区(20~166.7 km)。三个区的地形改正值的总和即为该点的地形改正值。

6. 布格改正

如果在起伏地表进行重力测量,地面重力将随着高程变化而变化。需对重力测量数据进行高度影响校正。处理这个问题,实际上只需把测点高程所在的正常重力计算出来即可。计算高程为 h 的正常重力值可以通过正常重力在椭球面附近的垂向变化率乘以高程来获得。这种校正称为自由空间校正,也称为高度校正,其表达式为

$$\delta g_f = \left(\frac{\partial \gamma_0}{\partial h}\right)h \approx 0.3086[(1+0.007\cos 2B)+7.2\times 10^{-8}h]\cdot h \tag{1.28}$$

式中:h 为测点高程,m;δg_f 为高度校正值,mGal。

通常可以将自由空间校正值近似为

$$\delta g_f = 0.3086\cdot h \tag{1.29}$$

此外,前述地形改正并没有把地形物质的引力完整去掉。因为"夷平"后不同高程上的测点彼此之间存在一个等厚的物质层,测点高程不同,物质层厚度就不同,所产生的引力也不同,这就是所谓的"中间层"。这个物质层总是在测点下方,所以中间层产生的引力总是使测点重力值增大,因此,需要将其从重力测量值中减掉,即作中间层校正。中间层校正是布格(Bouguer)于 1735~1743 年首先提出来的。中间层校正是以大地水准面或地球椭球面作为基准面,将以各测点高程为厚度的物质层在测点处产生的引力之铅垂分量,该点从重力观测值中减去。严格地说,中间层校正应该计算以测点处水准面与大地水准面所挟的曲面等厚层产生的引力,对于全球范围,则是一个球层的引力。通常勘探范围都不大,因此可以把局部范围内的中间层近似为一个无限大的"平板",只需计算无限平板的引力即可,其校正量为

$$\delta g_\sigma = -2\pi G\rho h = -4.19\cdot 10^{-5}\cdot \sigma h \tag{1.30}$$

式中:G 为万有引力常数,通常取 6.674×10^{-11} m³/(kg·s²);σ 为密度,kg/m³;h 为海拔,m;δg_σ 为中间层校正值,mGal。

由于以测点高程为厚度的无限平板的引力作为中间层校正量,其与高程为线性关系,在我国的许多参考书和勘探规范中,都将中间层校正与自由空间校正合为一体,称为布格改正,可表示为

$$\delta g_B = \delta g_f + \delta g_\sigma \tag{1.31}$$

其近似的计算式为

$$\delta g_B = (0.3086-0.0419\sigma)h \tag{1.32}$$

式中：h 为测点高程，m；σ 为密度，t/m³；δg_B 为布格改正值，mGal。

1.5.4 岩矿石标本采集与密度测量

地壳中的岩矿体与周围岩性存在密度差异，这是开展重力勘探工作的前提。测定和分析岩（矿）石的密度数据，研究它们的特征、成因及其变化规律，是对重力异常进行解释的主要依据。物性参数的测定和统计整理是重力勘探野外工作中一项必不可少的内容。岩石标本采集的要求如下。

（1）采集有代表性的岩石标本，对于岩层厚、分布范围广的地层和勘探目标层都应重点采集。

（2）充分利用已有钻井深层岩心获取深部标本。

（3）标本应及时登记和编号，准确定名，注明采集地点和地层时代。

（4）每一地层的岩石标本数不少于 30 块，每块质量以 100～200 g 为宜。

标本密度测定方法的基本原理是基于阿基米德（Archimedes）定律，如常用的天平法测标本密度：

$$\sigma = \frac{m}{V} \tag{1.33}$$

式中：σ、m、V 分别为标本密度、质量、体积。

在实际测量中，将标本置于含水量杯中，物体在水中减轻的重量，等于它排开同体积水的重量，于是可以间接求出标本体积。设标本在空气中的重量为 P_1，在水中重量为 P_2，V 为标本排开水的体积，σ_0 为水的密度时，有

$$\sigma = \frac{m}{V} = \frac{P_1/g}{\dfrac{P_1-P_2}{g\sigma_0}} = \frac{P_1 \sigma_0}{P_1 - P_2} \tag{1.34}$$

对于多孔的标本，为了防止水分浸入孔隙而影响测定结果，可在标本表面涂一层石蜡，有

$$\sigma = \frac{P_1}{\dfrac{1}{\sigma_0}(P_2 - P_3) - \dfrac{1}{\sigma_k}(P_2 - P_1)} \tag{1.35}$$

式中：σ_k 为石蜡密度，一般取 $\sigma_k = 0.9$ g/cm³。

式（1.35）中分母第一项表示涂石蜡后标本的总体积，第二项表示石蜡的体积。

第2章 地面重力异常的类型及其物理意义

2.1 自由空间重力异常

大地水准面虽然与海平面不完全重合，但是由于误差很小，可认为两者近似一致。如果重力测量是在大地水准面上（如在海洋上）进行的，那么其结果就可以直接与理论重力公式进行比较。但是，陆地上的重力测量不可能完全在大地水准面上进行，而是经常在一定高度 h 上进行，为了与理论重力值 g_0 对比，就要消除这个高度的影响，需要把高于（或低于）大地水准面的重力值校正到大地水准面上来，这种校正没有考虑地面与大地水准面之间物质的影响，好像中间是空气一样，这种校正称为高度校正或自由空气校正。

2.1.1 自由空间重力异常定义

自由空气重力异常就是对观测重力值仅作高度校正和正常场校正而得。从观测重力异常中减去观测点的正常重力值（正常重力值通常只与纬度有关，也称纬度校正），目的是为了消除地球参考椭球体的重力影响，这是重力测量中最重要的、量级最大的一个成分，然后再减去该点的自由空气校正，就得到了自由空气重力异常。

自由空间重力异常是最简单形式的重力异常，其特点是与局部小地形的形态基本一致，主要反映地表和近地表重力分布的短波长效应，但无法给出任何长波长地形的信息，对高程的依赖关系主要取决于地形块体的宽度。因此，自由空间重力异常在地形起伏不大的地区变化较小，在地形起伏大的地区变化剧烈。

2.1.2 自由空间重力异常计算过程

1. 纬度校正

进行较大范围的区域重力测量时，必须考虑由测点纬度不同而引起重力规律性的变化。这种变化与地质构造因素完全无关，只是由地球呈椭球形状和地球自转所引起的。

在大面积的测量中引入正常场校正，其方法是将测点的纬度 φ 代入式（2.1）赫尔默特正常重力场公式中计算出正常重力值，再从观测值中减掉它即可。

$$g_0 = 9.780\,30(1 + 0.005\,302\sin^2\varphi - 0.000\,007\sin^2 2\varphi) \tag{2.1}$$

在小面积的重力测量中，常常是求测点相对于总基点纬度变化所带来的重力正常值的变化，并予以校正，称为纬度校正。

忽略式（2.1）中等号右侧的第三项，对 φ 求微分后可得

$$\Delta g'_\varphi = \frac{g_\varphi}{\varphi} \cdot \Delta\varphi = 51\,855.2\sin 2\varphi \cdot \Delta\varphi \tag{2.2}$$

当 $\Delta\varphi$ 较小时，它可以用测点到总基点间纬向（南北向）距离 D 来表示。D、$\Delta\varphi$ 和地球平均半径 R 的关系为 $\Delta\varphi = D/R$。若取 $R = 6370.8$ km，$\Delta g'_\varphi$ 的单位为 g.u.，代入式（2.2）中，有

$$\Delta g'_\varphi = 8.14\sin 2\varphi \cdot D \tag{2.3}$$

可得纬度校正公式：

$$\Delta g'_\varphi = -8.14\sin 2\varphi \cdot D \tag{2.4}$$

在北半球，当测点位于总基点以北时 D 取正号，反之取负号；φ 为总基点纬度或测区的平均纬度。式（2.4）是一微分公式，只能在很小的范围内应用。

关于纬度校正的误差，由式（2.5）可知，它包含有纬度测量误差和南北向距离 D 的测量误差。纬度测量误差不会很大，故此项校正误差主要来源为 D 的测量误差，因而有

$$\varepsilon_\varphi = \pm 8.14\sin 2\varphi \cdot \varepsilon_D \tag{2.5}$$

例如在北纬 45° 地区，当 $\Delta D = \varepsilon_D = \pm 20$ m 时，可产生 ± 0.16 g.u. 的误差。

2. 高度校正

设大地水准面（或近似为参考椭球面）上的重力值为 $g_0(r_0)$，即

$$g_0(r_0) = \frac{GM}{r_0^2} \tag{2.6}$$

式中：r_0 为大地水准面的半径，实际上是测量点距球心的距离。

由于 $h \ll r_0$，高度 h 处的重力加速度可以展开为泰勒级数，即

$$g(r_0 + h) = g_0(r_0) + h\frac{\partial}{\partial r}g_0(r_0) + \frac{h^2}{2}\frac{\partial^2}{\partial r^2}g_0(r_0) + \cdots \tag{2.7}$$

忽略掉高阶项，可以得到

$$g(r_0 + h) \approx g_0(r_0) + h\frac{\partial}{\partial r}g_0(r_0) = g_0(r_0) - h\frac{2g_0(r_0)}{r_0} \tag{2.8}$$

式（2.8）的第二项为 $g_0(r_0)$ 与 $g(r_0 + h)$ 的差，这一项仅仅进行了高度调整，没有考虑大地水准面至高度 h 之间物质的引力影响，称为自由空间校正。于是得到高度校正项或自由空间校正项为

$$\delta g_H = \frac{2hg}{r_0} \tag{2.9}$$

代入 $g = 9.780$ m/s，$r_0 = 6378.137$ km，可以得到高度校正的估计值为

$$\delta g_{\mathrm{H}} \approx -0.3086h \tag{2.10}$$

于是可以得到自由空间重力异常为

$$\Delta g_{\mathrm{F}} = g_{\mathrm{obs}} - g_0 + \delta g_{\mathrm{H}} \approx g_{\mathrm{obs}} - g_0 + 0.3086h \tag{2.11}$$

当在海洋上进行重力测量时，观测值减去正常重力值即为自由空气异常。在大陆地区进行测量时，对自由空间重力异常进行地形校正后，称为法耶异常。法耶异常也是自由空气异常，可表示为

$$\Delta g_{\mathrm{fa}} = g_{\mathrm{obs}} - g_0 + \delta g_{\mathrm{H}} + \delta g_{\mathrm{T}} \tag{2.12}$$

式中：Δg_{fa} 为法耶异常；g_0 为正常重力值；δg_{T} 为地形校正值。

2.2 布格重力异常

2.2.1 布格重力异常定义

布格重力异常是勘探部门应用最广泛的一种重力异常，它是对观测值进行正常场校正、自由空间校正、地形校正和中间层校正之后得到的。在经过地形校正、自由空间校正和中间层校正后，相当于把大地水准面上多余的物质（具有正常密度 2.67 g/cm³）消去了。进行正常场校正后，大地水准面以下按正常密度分布的物质也消失了。因而布格重力异常既包含壳内各种偏离正常密度分布的矿体与构造的影响，也包括地壳下界面因起伏而在横向上相对上地幔质量的巨大亏损（山区）或盈余（海洋）的影响。因此，布格重力异常除有局部的起伏变化外，从大范围来说，在陆地（特别在山区）通常为大面积的负值区，山越高，异常负值越大；而在海洋区，则属于大面积的正值区。

2.2.2 布格重力异常计算过程

1. 地形校正

测点 A 周围起伏的地形对点 A 观测值的影响可以通过图 2.1 来说明。与地形平坦的情况相比，高于 A 点的地形质量对 A 点产生引力，其铅垂方向的分力会使 A 点的重力值减小；低于 A 点的地形，由于缺少物质，也会使 A 点的重力值降低。因此，无论 A 点周围地形是高还是低，相对于 A 点周围地形是平坦的情况下，其地形影响值都将使 A 点的重力值变小，故地形校正值总是正值。然而，在大范围水准面弯曲及海洋重力数据的整理过程中，地形校正值将有正有负。

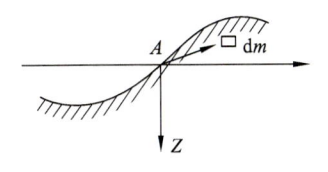

图 2.1 地形影响示意图

1. 局部补偿模式

1）Airy 局部均衡补偿模型

Airy 局部均衡补偿模型是由艾里（Airy）于 1953 年首次提出的。该模型认为地壳密度是均匀的，假定地球最上部的地壳是一个低密度的"外壳"，漂浮在一个高密度的流体层（即软流圈）之上（图 2.5）。由低密度地壳的厚度变化来实现局部均衡的补偿，即山脉之下地壳厚度厚（山根），而海洋之下地壳厚度薄（反山根）。

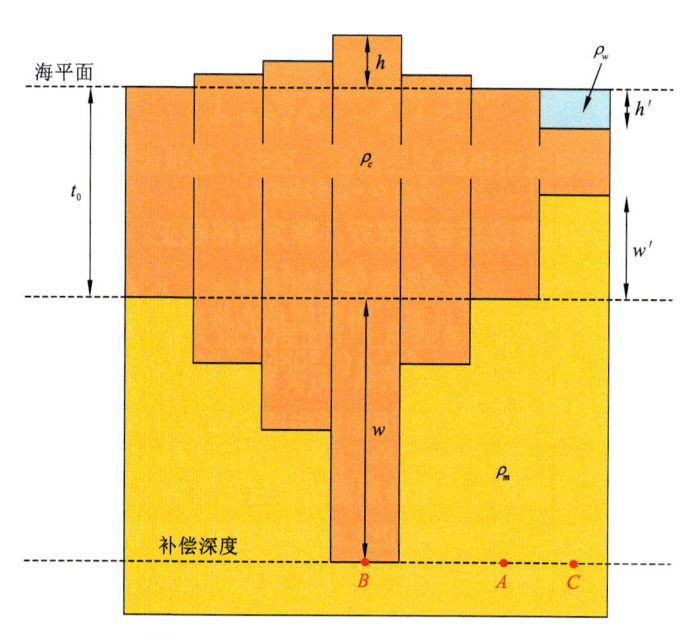

图 2.5　Airy 局部均衡补偿模型示意图

图 2.5 为 Airy 局部均衡补偿模型示意图。h 为海拔，t_0 为海平面到补偿面的深度，w 为山根深度，图 2.5 中补偿面上的 A 点受到的压力 P_A 可以表示为其上方的地壳柱流体静压力和中间地幔压力的综合作用，即

$$P_A = \rho_c g t_0 + \rho_m g w \tag{2.33}$$

式中：g 为重力加速度；ρ_c、ρ_m 分别为地壳和地幔的密度；t_0 为海平面到补偿面的深度。

同样地，B 点受到的压力是由厚度为 $h+t_0+w$ 的地壳柱引起的流体静压力，即

$$P_B = \rho_c g (h + t_0 + w) \tag{2.34}$$

式中：h 为海平面以上的地形高度。

如果系统处于平衡状态，则在补偿深度处的压力是恒定的。所以，如果将 P_A 和 P_B 等同起来，便可以得到陆地地区的山根深度 w 为

$$w = h\left(\frac{\rho_c}{\rho_m - \rho_c}\right) \tag{2.35}$$

同理，对海洋地壳应用同样的方法处理。如图 2.5 所示，海洋地壳柱的顶部低于海平面，其底部的水平面高于海岸参考柱 A 的底部。向上侵入的地幔（其厚度为 w'）被称

为"反山根"。所以图 2.5 中对应于海洋正下方 C 点的流体静压力是由其上覆的海洋、地壳和地幔造成的压力的总和，即

$$P_C = \rho_m g h' + \rho_c g(t_0 - h' - w') + \rho_m g(w' + w) \tag{2.36}$$

式中：h' 为海水深度，$h>0$。

假设 B 点与 C 点的压力是相同的，那么可以得到海洋地区的"反山根"深度为

$$w' = h'\left(\frac{\rho_c - \rho_w}{\rho_m - \rho_c}\right) \tag{2.37}$$

2）Pratt 局部均衡补偿模型

Pratt 局部均衡补偿模型是由普拉特（Pratt）于 1953 年首次提出的。Pratt 局部均衡补偿模型认为在补偿深度之上，地壳的密度是横向变化的，其密度的变化依赖于上覆地形起伏的高程，根据 Pratt 假说，地形高低不同的柱体，其密度各不相同，负载地形的高程越大，其下面地壳岩石的密度越小；地形高程越小，其下伏地壳岩石密度越大，即地形高度与地壳岩石密度成反比。

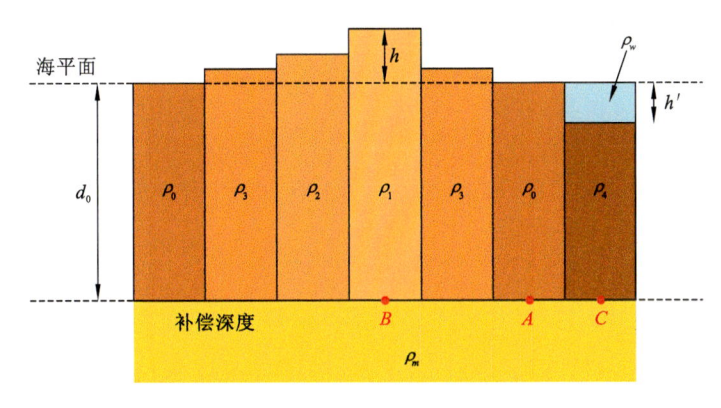

图 2.6 为 Pratt 局部均衡补偿模型示意图，其中 h 为海拔，$\rho_0 \sim \rho_3$ 为大陆地壳的密度，ρ_4 为海洋地壳的密度，ρ_w 为海水的密度，d_0 为海平面到补偿面的深度。可以看出，$\rho_1 < \rho_2 < \rho_3 < \rho_0 < \rho_4 < \rho_m$。与 Airy 局部均衡补偿模型一样，不同柱体在底部补偿深度界面的压力是一样的，图 2.6 中 A 点海岸基准柱的压力为

$$P_A = \rho_0 g d_0 \tag{2.38}$$

图 2.6 Pratt 局部均衡补偿模型示意图

在密度为 ρ_1 的大陆柱下面 B 点的压力为

$$P_B = \rho_1 g(d_0 + h) \tag{2.39}$$

将这两种压力相等，可以得到大陆地壳柱的密度为

$$\rho_1 = \rho_0 \frac{d_0}{d_0 + h} \tag{2.40}$$

在海洋中，根据假设，C 柱和 A 柱底部的压力相等，C 柱底部的压力为

$$P_C = \rho_w g h' + \rho_4 g(d_0 - h') \tag{2.41}$$

式中：$h>0$，令 $P_A=P_C$，则洋壳柱的密度为

$$\rho_4 = \frac{\rho_0 d_0 - \rho_w h'}{d_0 - h'} \quad (2.42)$$

由此可见，Airy 局部均衡补偿的目标是寻找地壳根的厚度，而 Pratt 局部均衡补偿的目标是寻找地壳柱的密度。与 Airy 局部均衡补偿模型不同，Pratt 局部均衡补偿模型的补偿面是一个同一深度的水平面；Airy 局部均衡补偿模型的均衡面不是处于同一深度的平面，而是具有一定起伏的曲面。两种均衡理论都只是发生在局部范围内，即补偿都仅仅只考虑了负载的垂直作用力，变形只沿着垂直负载的垂向方向发生，未考虑岩石圈横向强度的支撑。

2. 区域均衡模型

区域均衡理论认为地壳本身具有相当的强度，不可能只是局部小范围的均衡。因此，区域均衡模型在 Airy 局部均衡补偿模型的基础上，考虑岩石力学和地壳密度随深度变化的特征，用弹性板加上负载的模式来修正 Airy 局部均衡补偿模型，把厚薄不均匀的地壳作为弹性板上的负载，地壳的均衡模型就是在不同负载作用下弹性板发生弯曲的模型。因此，该均衡补偿模型具有区域性，均衡面是一个弯曲面，曲面起伏不与局部地形起伏相对应，而只与较大面积上区域地形起伏的趋势相对应。

图 2.7 为地形负载作用下区域均衡与 Airy 局部均衡补偿的示意图。将岩石圈视为弹性薄板，该薄板受到其上加载载荷的作用，发生变形，该受力变形问题可以用弹性板挠曲方程表示为

$$D\frac{\partial^4 w}{\partial x^4} + (\rho_m - \rho_c)gw = -\rho_c gh \quad (2.43)$$

式中：w 为弹性薄板的挠曲变形；x 为水平坐标；g 为重力加速度；ρ_m 和 ρ_c 分别为地幔密度和地壳密度；h 为负载高度；D 为弹性薄板的挠曲刚度，其可由岩石圈的有效弹性厚度 T_e 求得

$$D = \frac{ET_e^3}{12(1-\nu^2)} \quad (2.44)$$

式中：T_e 为岩石圈有效弹性厚度；E 为杨氏模量；ν 为泊松比。

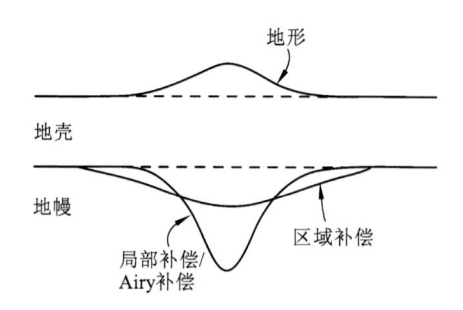

图 2.7 地形负载作用下区域均衡与 Airy 局部均衡补偿示意图

利用式（2.43）和式（2.44）可以建立在特定载荷加载下弹性薄板的挠曲变形与岩石圈有效弹性厚度的关系。

2.3.2 均衡重力异常计算

根据地壳均衡假说，从地下某一深度（补偿深度）起，相同截面（面积足够大）所承受的质量趋于相等，即地壳均衡。因此地面上大面积的地形起伏，必然在地下有所补偿，地壳均衡补偿程度常用均衡异常来衡量。均衡重力异常（isostatic gravity anomaly）与布格重力异常一样，其分布与地球内部结构存在着极为密切的关系。重力的均衡调整作用会产生强大的均衡调整力，制约大地构造的发育和运动。因此，地壳均衡异常状态是现今新构造运动强弱的标志之一。

均衡重力异常指观测重力值经过正常场校正（纬度校正）、高度校正（自由空气校正）、地形校正、中间层校正以及均衡校正之后所得到的重力异常。在大地测量中，可以用均衡异常资料研究地球椭球体与大地水准面的偏差。

为了得到均衡重力异常，需要计算均衡校正项 δg_c，而计算均衡校正的前提是要先选定均衡模式和确定均衡面的深度，然后根据相应的均衡条件求出各直立柱体的均衡补偿深度，最后应用与地形校正相同的方法，计算各个柱体因充填补偿密度而出现的补偿质量对观测点单位质量所产生的引力铅垂分量。从前面的经过各种校正得到的布格重力异常 Δg_B 中，再进行均衡校正便得到了均衡重力异常：

$$\Delta g_I = \Delta g_B - \delta g_c = (g_{obs} - g_0 - \delta g_H - \delta g_\sigma + \delta g_T) - \delta g_c \tag{2.45}$$

在进行各种重力校正过程中，对地球的物质分布进行了不同的调整，得到了不同的重力异常，因而相应的重力异常具有各自的地质地球物理含义。图 2.8 是按 Airy 局部均衡补偿模型的地壳质量分布表示的各种校正及其相应重力异常意义示意图，该图有助于进一步理解这些校正的物理意义和异常的含义。此处取地壳的平均密度为 2.67 g/cm³，上地幔的平均密度为 3.27 g/cm³。

(a) g_{obs}　　(b) $\Delta g_{free}=g_{obs}+\Delta g_H-g_0$　　(c) $\Delta g_{fa}=g_{obs}+\Delta g_H+\Delta g_T-g_0$

(d) $\Delta g_B=g_{obs}+\Delta g_H+\Delta g_\sigma+\Delta g_T-g_0$　　(e) $\Delta g_I=\Delta g_B+\delta\Delta g_c$

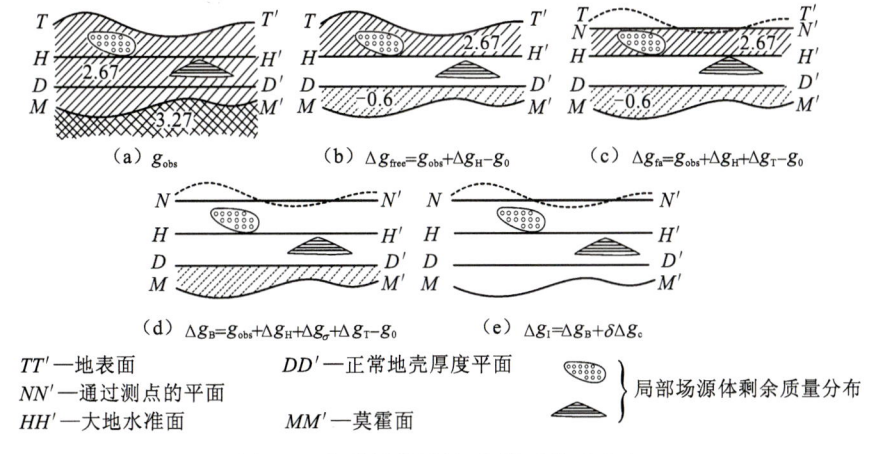

TT'—地表面　　DD'—正常地壳厚度平面
NN'—通过测点的平面　　　　　　　　　　　　　　　局部场源体剩余质量分布
HH'—大地水准面　　MM'—莫霍面

图 2.8　各种异常的地质-地球物理含义

1. 自由空气重力异常

图 2.8（a）表示在地球自然表面 TT' 上 A 点处进行重力测量，经零点漂移校正后的观测重力值设为 g_{obs}。A 点在大地水准面 HH' 上投影处的正常重力值为 g_0。自由空气重力异常就是对观测重力值仅作高度校正 Δg_H 和正常场校正而得，即式（2.11）。自由空气异常意义示于图 2.8（b）。由于只进行了高度校正，在重力观测值中，地表面 TT' 到大地水准面 HH' 间物质的影响仍然存在，相当于好像把这层物质都"压缩"到大地水准面上，但没有改变地球的实际质量。进行正常场校正就相当于从观测重力值中消除密度为正常分布（即等于地壳的平均密度 2.67 g/cm³）的大地椭球体的正常重力值，大地水准面 HH' 与地壳平均深度平面 DD'（即图 2.8 Airy 局部均衡补偿模型中厚度为 t_0 的地壳的下界面）间的物质被消除了，而 DD' 面与莫霍面 MM' 之间变为密度等于-0.60 g/cm³（=2.67～3.27 g/cm³）的物质。因此，自由空气异常 Δg_{free} 反映了实际的地球形状和物质分布与大地椭球体的偏差。大范围内负的自由空气异常，说明该区域下方物质的相对亏损，而正的自由空气异常则表明有物质的相对盈余。图 2.8（b）中的地面与莫霍面 MM' 的起伏系根据 Airy 局部均衡补偿模型设计的。但是，Δg_{free} 还包含有地形的影响在内。去掉这一影响后，得到经地形校正的第二种自由空气重力异常 Δg_{fa} [图 2.8（c）]，即式（2.12）。该异常又称为法耶异常。可见，进行地形校正后，已经局部地改变了地球的质量分布。

2. 布格重力异常

布格重力异常是勘探部门应用最为广泛的一种重力异常，它是对观测值进行地形校正、布格校正（高度校正与中间层校正）和正常场校正后获得的，即式（2.32）。图 2.8（d）表示了这种异常的意义。

从使用方面看，布格重力异常又可以分为绝对异常与相对异常。以大地水准面作为比较各测点异常大小的基准面，则观测值为绝对重力值（可从已知一个点的绝对重力值用相对测量的办法推算出）；布格校正用的高度为海拔，密度用统一规定的 2.67 g/cm³，正常场校正就是将各测点的纬度代入正常重力公式算出来再从观测值中减去。这种绝对布格重力异常用在中、小比例尺中，以便大面积的拼图和统一进行解释；相对布格重力异常是取总基点所在的水准面作为比较各测点异常值大小的基准面，观测值是相对重力值，布格校正用的高程是测点相对总基点的相对高程，密度用当地地表实测的平均密度值，而正常场校正就用前面介绍的纬度校正代替。因此，相对布格重力异常可表示为

$$\Delta g_B = \Delta g_{obs} + \Delta g_H + \Delta g_T + \Delta g_\sigma + \Delta g_\varphi \tag{2.46}$$

这种异常多用在小面积大比例尺的测量中，以便对局部地区的异常作较深入的分析。从误差的传播规律，综合式（2.32）和式（2.46）可知，布格重力异常精度与各项校正的精度之间存在如下关系：

$$\varepsilon_a = \pm\sqrt{\varepsilon_{obs}^2 + \varepsilon_T^2 + \varepsilon_B^2 + \varepsilon_\varphi^2} \tag{2.47}$$

式中：ε_{obs} 为重力观测的均方误差；ε_T 为地形的均方误差；ε_B 为布格校正的均方误差；ε_φ 为纬度校正的均方误差。

海洋重力测量的布格校正及重力异常具有一定的特殊性。Keary 和 Brooks（1991）指出，布格异常是陆地重力资料解释的基础。通常计算滨海及浅海区的布格异常。在滨海及浅海区，布格校正消除了水深的局部变化引起的局部重力效应；而且，可以通过布格异常直接比较滨海及浅海区的重力异常，同时把陆地和海洋的重力数据结合以构成包括滨海及浅海区的统一的重力等值线图，根据此图可以追踪横过海岸线的地质特征。然而，布格异常不适合于深海重力测量，因为在这样的地区布格校正的应用是一个人为的做法，会造成非常大的正布格异常值，而对于地质体引起的局部重力特征没有明显的加强。因此，自由空气重力异常常用于这些地区的解释。此外，自由空气重力异常可以评价这些地区的均衡补偿。

de Bremaecker 和 Jean-Claude（1985）也指出，当海洋重力测量在海面进行时，海洋的自由空气校正非常接近于零。有时采用布格校正，但是它没有多少物理意义，因为它等效于用同等体积的岩石代替海水进行布格校正。因为海洋接近于均衡平衡，所以加入巨大量的岩石完全破坏了均衡，结果导致了与海底地形呈强烈反相关的布格重力异常，而且比陆地情况更为强烈。

3. 均衡补偿

图 2.8（e）表示了一种完全均衡状态下的均衡异常所代表的意义。它仅仅反映了壳内密度不均匀体所产生的异常，但由于均衡计算是在大面积内的平均效应，这些局部影响的总和就很小了。在完全均衡的条件下，均衡异常接近于零，即大地水准面以上多出的物质正好补偿了大地水准面至均衡面之间缺失的物质。如果填补进去的物质数量超过了下面缺失的质量，则壳内就有比正常密度分布时多余的物质存在，此时均衡异常为正值。从动力学观点看，由于构造力使山脉隆升以后，均衡力没有使地壳下界面达到足以补偿山脉隆升的深度，即"山根"不够深，因而地壳未达到均衡，同时这种情况称为补偿不足。如果填补进去的物质数量还不足以弥补下面质量的亏损，则壳内这种亏损的质量将形成负的均衡异常，它说明地壳下界面已超过正常地壳的深度，故这种状态又称为补偿过剩。

由此可见，所谓"补偿"，是指山下的质量"亏损"对地表出现的多余的山的质量的补偿。按照 Airy 局部均衡补偿模型，莫霍面在山下的凹陷补偿了山的隆起，使地壳达到均衡。当莫霍面在山下的凹陷正好补偿了山的隆起（图 2.9 中 M_0 的情况）使地壳达到均衡时，由式（2.45）计算出的均衡重力异常 Δg_I 近于零；当莫霍面的凹陷过深，"过剩"地补偿了山的隆起，计算出的均衡重力异常 Δg_I 小于零（图 2.9 中 M_- 的情况）；当莫霍面的凹陷过浅，对于山的隆起的补偿"不足"，计算出的均衡重力异常 Δg_I 大于零（图 2.9 中 M_+ 的情况）。

无论补偿不足或补偿过剩，都是未达到均衡，地壳将继续进行均衡调整，用壳内质量的迁移，如地壳密度的横向变化、上地幔密度的横向变化及地壳厚度变化等，来使它趋于均衡。

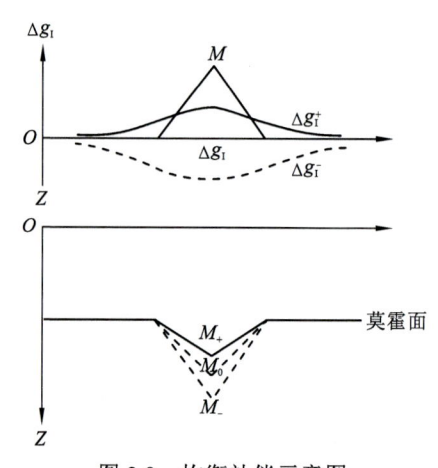

图 2.9 均衡补偿示意图

第 3 章 重力异常精细处理方法

重力资料处理是重力勘探的重要组成部分，也是物探工作者致力研究的一项重要课题，随着数据采集精度及勘探对象复杂度的提高，高精度重力异常数据处理新方法、新技术的研究与应用显得更为重要。重力资料处理的目标是突出由勘查对象引起重力异常特征、分辨旁侧叠加异常、增强弱异常，提高重力异常的分辨能力。

3.1 重力异常导数及其扩展方法

导数换算作为位场数据处理中最简洁、最直接的边界分析方法，得到了广泛的研究和应用。通过位场异常的导数计算，可以提高异常分辨率，得到分辨叠加异常、突出地质体形状、场源边界等信息。重磁异常的导数可以突出浅而小的地质体的异常特征，压制区域性深部地质因素产生的异常，在一定程度上可以划分不同深度和不同规模异常源产生的叠加异常。而且在理论上，导数的阶次越高，这种分辨能力越强。重磁异常高阶导数可以将几个互相靠近、埋深相差不大的相邻地质因素引起的叠加异常划分开。因为导数阶次越高，异常随中心埋深增加衰减得越快，同样，从水平方向看，导数阶次越高，异常范围越小，所以无论从垂直方向还是水平方向来看，高阶导数异常的分辨能力都有所提高。此外，由于重力异常在垂直物性边界的正上方的水平梯度最大，通常会利用重磁异常的导数确定场源体边界位置。然而，传统导数计算可能突出浅部异常而压制深部异常，不利于重力异常的解释，因此前人基于归一化导数的思想提出了一系列扩展方法，以突出深部弱异常的信息。

3.1.1 垂向导数

垂向导数（vertical derivative，VDR）的概念最初是由 Hood 和 Mcclure（1965）及 Bhattacharyya（1965）提出的，他们利用化极磁异常的垂向一阶导数及垂向二阶导数的零值点来确定铅垂台阶的边界位置；Marson 和 Klingele（1993）提出利用异常垂直梯度解释重力异常。因为垂向导数具有较高的横向分辨率，在国内外重磁勘探中得到广泛的应用，是重力异常普遍采用的常规处理手段。此外，国内学者雷林源（1981）详细讨论了垂向二阶导数的几何意义与物理实质，进一步明确了垂向二阶导数用于边界分析的理

3.1.4 解析信号振幅

解析信号振幅又称总梯度模方法，由 Nabighian（1972）提出并应用于航磁异常解释，该方法根据位场异常的梯度特征，利用总梯度模的极大值识别场源体边界。该方法最初仅限于剖面磁测资料的解释，是 Nabighian（1984）将其推广到三维平面数据的应用中。总梯度模在场源会出现极大值，因此可以根据这些极大值确定场源位置。

对位场异常 $f(x,y,z)$，其解析信号振幅计算方式如下：

$$G_{x,y,z} = \sqrt{\left(\frac{\partial f}{\partial x}\right)^2 + \left(\frac{\partial f}{\partial y}\right)^2 + \left(\frac{\partial f}{\partial z}\right)^2} \tag{3.13}$$

分析可知，解析信号振幅是在水平总梯度模的基础上增加了位场异常的垂向导数，因为垂向导数的零值点对应场源体边界，在场源上方垂向导数取最大值。而水平导数在场源边界为极大值，因此解析信号振幅在场源上方取极大值，据此可以分析场源位置。正因为如此，解析信号振幅在确定场源边界位置时有一定的误差。

3.1.5 Theta 图

Wijns 等（2005）提出了 Theta 图方法，它是利用水平总梯度模与解析信号振幅的比值来分析场源边界。正因为它采用比值计算的方法，所以能够平衡高幅值异常，突出低幅值弱异常。对位场异常 $f(x,y,z)$，其 Theta 图为水平总梯度模（$G_{x,y}$）与解析信号振幅（$G_{x,y,z}$）的比值，其计算方式如下：

$$\text{Theta} = \frac{G_{x,y}}{G_{x,y,z}} = \sqrt{\left(\frac{\partial f}{\partial x}\right)^2 + \left(\frac{\partial f}{\partial y}\right)^2} \bigg/ \sqrt{\left(\frac{\partial f}{\partial x}\right)^2 + \left(\frac{\partial f}{\partial y}\right)^2 + \left(\frac{\partial f}{\partial z}\right)^2} \tag{3.14}$$

从式（3.14）可以看出，当垂向导数为零时，Theta 取最大值。结合垂向导数分析场源边界的特征，可以利用 Theta 的最大值识别场源边界。因为在场源上方垂向导数为正值，式（3.14）表明 Theta 值在场源上为负值，在边界附近取最大值。

仿照式（3.14）的形式，还可以构造另一种形式的 Theta 图，即利用垂向导数和解析信号振幅的比值来分析场源边界，计算式如下：

$$\text{Theta}' = \frac{V_{zz}}{G_{x,y,z}} = \frac{\partial f}{\partial z} \bigg/ \sqrt{\left(\frac{\partial f}{\partial x}\right)^2 + \left(\frac{\partial f}{\partial y}\right)^2 + \left(\frac{\partial f}{\partial z}\right)^2} \tag{3.15}$$

根据垂向导数的性质可知，在场源上方，Theta' 值为正，并且在场源中心取最大值；在场源边界处，因为其垂向导数值为零，因此 Theta' 可以用零值线来分析场源边界。

3.1.6 斜导数（Tilt 梯度）

Miller 和 Singh（1994）首次给出了 Tilt 梯度的数学定义，并用于位场异常边界分析。它在一定程度上克服了常规位场导数对深部异常、弱异常反应欠佳的弊端，Tilt 梯度值对场源的深部不敏感，计算结果不受场源埋深情况制约，因此它能够很好地探测出具有不同埋深的复杂场源体的边界。王想和李桐林（2004）首次引入了 Tilt 梯度方法并用于重磁源边界分析，郭华等（2009）进一步讨论了该方法原理并进行了改进。

Tilt 梯度的公式是根据二维解析信号发展而来的，它定义为位场异常的垂直导数与水平导数比值的反正切，表达式为

$$\text{Tilt} = \arctan\left(\frac{\partial f}{\partial z} \middle/ \frac{\partial f}{\partial h}\right) \tag{3.16}$$

式中：f 为位场异常；$\partial f/\partial z$ 为位场异常的垂向导数，其值在场源上方为正，在场源外侧为负，在场源边界位置附近其值为零；$\partial f/\partial h$ 为位场异常的水平导数，对于剖面异常，$\partial f/\partial h = \text{abs}(\partial f/\partial x)$；对于平面异常，$\partial f/\partial h = \sqrt{(\partial f/\partial x)^2 + (\partial f/\partial y)^2}$。

对于弱异常，其对应的垂直梯度和水平梯度值相对较小，但是经过式（3.16）的处理，得到的 Tilt 梯度值在场源上方为正，在场源外侧为负，在场源边界位置附近其值为零，克服了常规导数方法不能突出深部弱异常的缺点。

Tilt 梯度探测场源边界的前提条件是倾角为 0 或 $\pi/2$ 的地质体边界。Verduzco 等（2004）提出了 Tilt 梯度的水平导数的概念，指出这种方法可以解决地质体倾角为任何值的问题，可以更准确地探测不同倾角的地质体边界。

对于平面异常，Tilt 梯度的水平导数定义为

$$Th = \sqrt{(\partial \text{Tilt}/\partial x)^2 + (\partial \text{Tilt}/\partial y)^2} \tag{3.17}$$

3.1.7 归一化标准差

Cooper 和 Cowan（2008）提出了基于位场梯度的归一化标准差（normalized standard deviation，NSTD）来分析地质体边界的方法。基于位场梯度的归一化标准差方法是一种全新的场源边界分析方法，计算思想新颖。当数据比较平滑时（平稳场），其标准差的值较小；而当数据变化较大时（异常场），其标准差的值就会较大，因此可以用这种方法作边界定位。此外，归一化计算可以平衡强弱不同的异常，从而使强弱不同的边界异常都能得到体现，不至于丢失深部弱异常信息。李媛媛和杨宇山（2009）介绍了这种方法，并应用于大巴山地区的布格重力异常的处理，取得了较好的应用效果。

归一化标准差方法是一种基于统计分析的边界定位方法，它需要分别计算 x、y、z 三个不同方向的位场梯度在一定大小窗口内的标准差，并取比值。计算公式如下：

$$\text{NSTD} = \sigma\left(\frac{\partial f}{\partial z}\right) \middle/ \left[\sigma\left(\frac{\partial f}{\partial x}\right) + \sigma\left(\frac{\partial f}{\partial y}\right) + \sigma\left(\frac{\partial f}{\partial z}\right)\right] \tag{3.18}$$

式中：σ 为一定大小窗口内的标准差，计算时小窗口对噪声比较敏感，而较大的窗口会则会造成一些小于窗口大小尺寸的边界信息丢失。

3.1.8 各向异性标准化方差

在重磁源边界识别中，梯度算法是普遍使用的一类方法，常规的微分算法受噪声的干扰比较严重，此外基于各向同性的算法都很难识别不同方向的边界信息，虽然采用不同方向的方向导数可以一定程度上突出方向边界，但是这些方法对旁侧叠加异常、弱异常达不到好的识别效果，往往会模糊边界信息。Zhang 等（2014）在二阶导数的基础上提出"各向异性标准化方差"的重磁源边界探测方法。

在二维高斯函数的基础上，考虑方向 θ，令 $R_\theta = \begin{pmatrix} \cos\theta & \sin\theta \\ -\sin\theta & \cos\theta \end{pmatrix}$ 表示 θ 角度的旋转，构造各向异性高斯函数：

$$G_R[R_\theta(x,y)^{\mathrm{T}}, \sigma_x, \sigma_y] = \frac{1}{2\pi\sigma_x\sigma_y}\exp\left[-\frac{1}{2}\cdot\left(\frac{w_1}{\sigma_x^2}+\frac{w_2}{\sigma_y^2}\right)\right] \quad (3.19)$$

式中：$w_1 = (x\cos\theta + y\sin\theta)^2$；$w_2 = (-x\cos\theta + y\cos\theta)^2$；$\sigma_x$、$\sigma_y$ 分别为长轴和短轴方向的方差。

函数 G_R 具有明显的方向性。图 3.1 分别反映 $[0, \pi/16, 2\pi/16, \cdots, \pi)$ 方向的 G_R 函数，体现了其各向异性的特征，可以自适应地分析不同方向的重磁源边界。

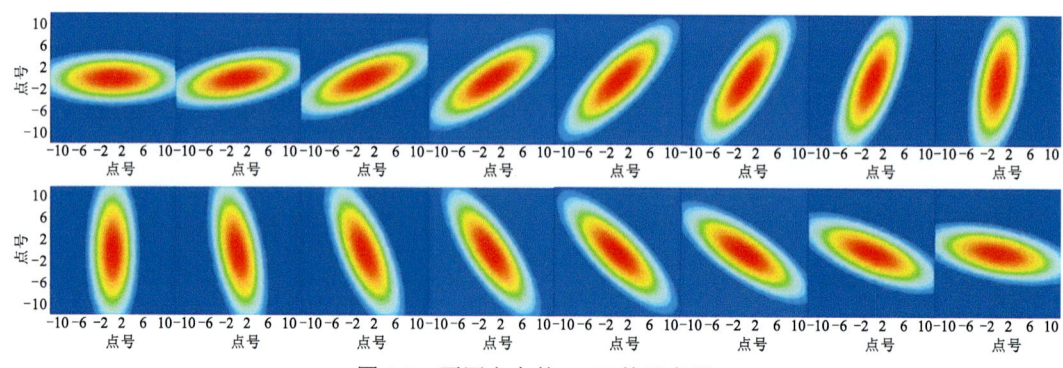

图 3.1 不同方向的 G_R 函数示意图

根据式（3.19），推导 $\nabla^2 G_R = \frac{\partial^2 G_R}{\partial x^2} + \frac{\partial^2 G_R}{\partial y^2}$，得

$$Q = \nabla^2 G_R[R_\theta(x,y)^{\mathrm{T}}, \sigma_x, \sigma_y]$$

$$= \frac{1}{2\pi\sigma_x^5\sigma_y^5}\cdot(w_1\sigma_y^4 + w_2\sigma_x^4 - \sigma_x^2\sigma_y^4 - \sigma_x^4\sigma_y^2)\cdot\exp\left[-\frac{1}{2}\cdot\left(\frac{w_1}{\sigma_x^2}+\frac{w_2}{\sigma_y^2}\right)\right] \quad (3.20)$$

对 $(M+1)\times(M+1)$ 大小的 Q，定义位场数据 $f(x,y)$ 的各向异性标准化方差如下：

$$f_{\mathrm{var}}(x,y) = \frac{\sum\limits_{i,j=-M/2}^{i,j=M/2}[f(x+i,y+j)-\overline{f(x,y)}]\cdot Q(i+M/2+1, j+M/2+1)}{\sqrt{\sum\limits_{i,j=-M/2}^{i,j=M/2}[f(x+i,y+j)-\overline{f(x,y)}]^2}\sqrt{\sum\limits_{i=1,j=1}^{i,j=M+1}Q(i,j)^2}} \quad (3.21)$$

式中：$\overline{f(x,y)} = \dfrac{1}{(M+1)^2} \sum\limits_{i,j=-M/2}^{i,j=M/2} f(x+i, y+j)$。

分子部分是一个离散的褶积计算形式，假设用 f_s*Q 来表示这个过程，考虑 $Q=\nabla^2 G$，根据褶积的微分性质，f_s*Q 可以表示为

$$\nabla^2(f_s*G) \tag{3.22}$$

结合式（3.22）可以很明显地发现，$f_{\text{var}}(x,y)$ 实质上就是一种广义化的二阶导数的计算形式。据此分析，对位场数据而言，其场源边界位置对应于标准化方差 $f_{\text{var}}(x,y)$ 的零值点位置。根据上文分析可知，构造各向异性函数 Q 需要确定参数 σ_x、σ_y（它们的大小决定 Q 的作用范围与各向异性尺度）及方向 θ，采用如下方法计算。

首先根据先验信息给定初值 σ_0，计算 $\sigma_x = \sigma_0$，$\sigma_y = \sigma_x/\text{cof}$。其中 cof 表示比例系数，在场源边界处，cof 值大，即函数 Q 的长短轴差异大，有利于边界分析；在非边界处，cof 的取值对结果影响不大，本节取 cof=1，体现常规的高斯函数特征。可采用全方位扫描确定 θ 值，具体计算流程如下。

（1）根据先验信息给定位场异常的初值 σ_0，设定全方位扫描参数 $\theta = [0:\pi/N:\pi)$，N 为正整数。

（2）计算 σ_x、σ_y，构造各向异性函数 $Q(\theta)$。

（3）根据式（3.3）计算 $f_{\text{var}}(x,y,\theta)$。

（4）计算 $f_{\text{var}}(x,y) = \text{cho}[f_{\text{var}}(x,y,\theta)]$（cho 为选择算法，即选择经过全方位扫描后得到的最可能的边界值），得到扫描后的各向异性标准化方差。

（5）可以利用 $f_{\text{var}}(x,y)$ 定性分析重磁源边界，也可以选择阈值，自动搜索边界位置，得到定量的解释图件。

3.1.9 模型试验

1. 方法效果

为了验证方法的效果，设计了直立棱柱体组合模型，包括三个不同密度的棱柱体 A、B 和 C，来检验方法的滤波效果（如无特别声明，本章所有理论分析都基于该模型），具体参数见表 3.1。图 3.2 是正演得到的布格重力异常，从模型可以看出，地质体 B 产生的异常强度最大，约为 0.35 mGal；地质体 A 产生的异常强度次之，约为 0.16 mGal；地质体 C 产生的异常强度最小，只有约 0.03 mGal。综合布格重力异常等值线图可以发现，地质体 A、B 的异常明显，地质 C 产生的异常较弱，而且经过地质体 B 的强异常叠加，导致 C 异常更加隐约难于识别。分别采用垂向导数、水平导数、垂向二阶导数、解析信号振幅、Theta 图、斜导数、归一化标准差以及各向异性标准化方差等方法处理，对比分析各种方法的特征及其对弱异常的识别效果。

表 3.1　模型参数

模型编号	中心坐标（x、y）/m	上顶埋深/m	x、y、z 方向长度/m	剩余密度/（g/cm³）
A	（200，400）	10	80、100、200	0.10
B	（400，400）	10	80、100、200	0.20
C	（600，400）	10	80、100、200	0.01

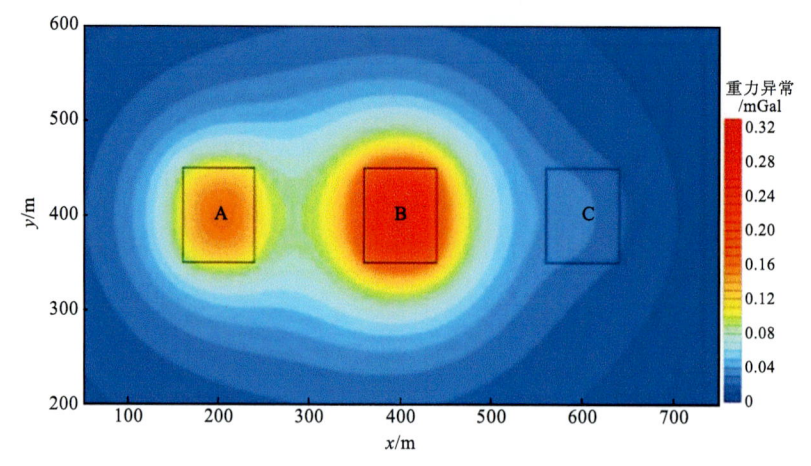

图 3.2　模型正演的布格重力异常
黑色实线表示场源体边界位置，余同

从垂向导数的计算结果来看，垂向二阶导数较垂向一阶导数（图 3.3、图 3.4）的零值点更接近客观的地质体边界，但是不足之处是在某种程度上压制了地质体 C 对应的异常。水平总梯度模（图 3.5）极大值对应边界位置，其中导数计算的"高通滤波"效果突出了高频信息，但是压制了低频弱异常信息。解析信号振幅（图 3.6）在场源上方取极大值，相比于水平总梯度模在场源边界处取极大值，在复杂异常区它能够更好地识别场源（比如地质体 A 对应的异常，图 3.6 比图 3.5 更清晰），虽然某种程度上降低了边界分辨率。此外，与水平总梯度模、垂向导数等方法相似，解析信号振幅对弱异常的识别效果也不令人满意（如地质体 C 对应的异常）。

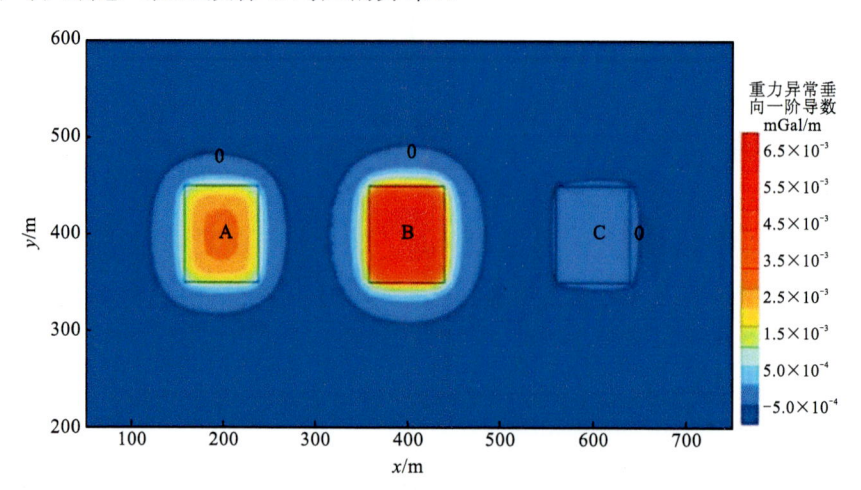

图 3.3　布格重力异常垂向一阶导数

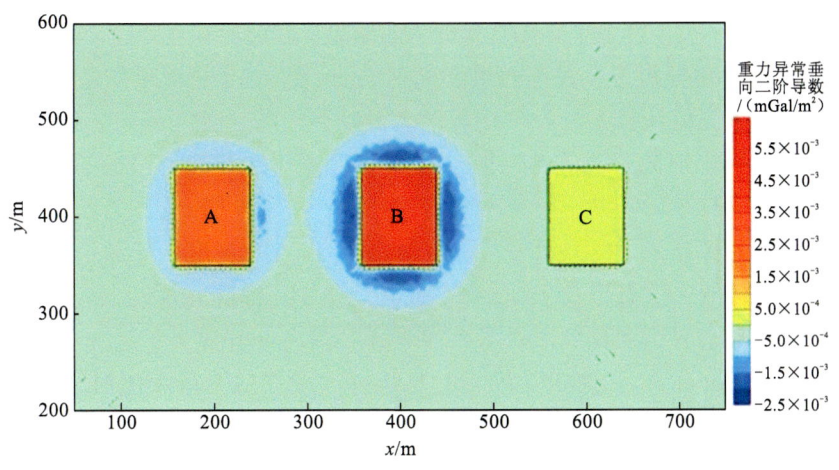

图 3.4 布格重力异常垂向二阶导数

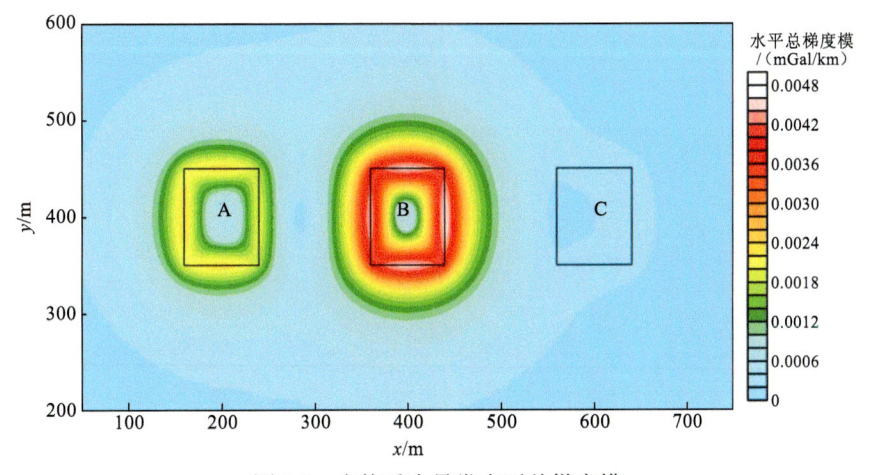

图 3.5 布格重力异常水平总梯度模

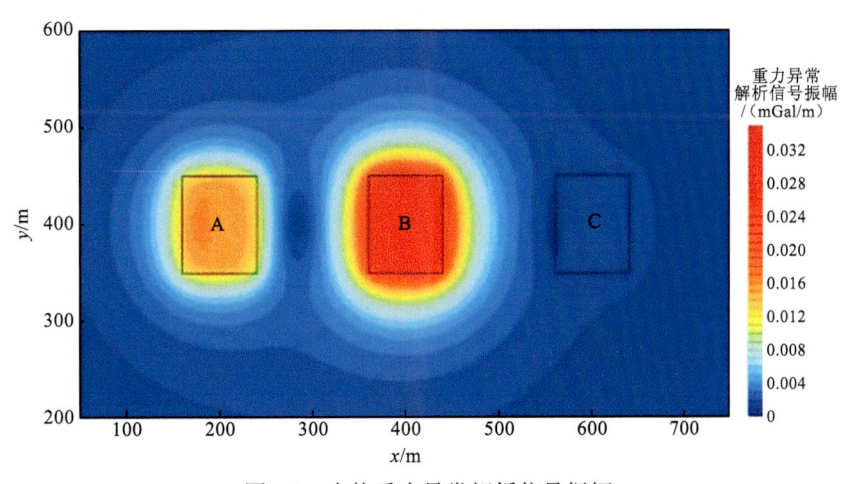

图 3.6 布格重力异常解析信号振幅

根据垂向一阶导数特征，重力异常 Theta 图（图 3.7）最大值对应场源边界，并且在场源上方其值最小。此外，由于垂向一阶导数在场源边界上方的外侧附近取值较小，造成 Theta 图值变化不大，产生了如图 3.7 所示的结果，即边界模糊不清。图 3.8 是布格重力异常 Theta′图，对比分析可以发现效果要优于 Theta 图。综合分析可知，Theta 图及 Theta′图方法都是采用了比值计算方法，一定程度上可以突出弱异常，不同之处是 Theta′图是基于垂向一阶导数识别场源边界的，而 Theta 图是基于水平总梯度模识别边界的。Tilt 梯度（图 3.9）与所有基于垂向一阶导数类方法相似，尤其与 Theta′图方法更是如出一辙。理论分析与模型计算显示，根据水平总梯度模的特点，Tilt 梯度在场源边界（Tilt 梯度零值线）附近的"收敛"效果不及 Theta′图。此外，在 Tilt 梯度的基础上计算其水平导数，可以获得更精确的边界识别精度，如图 3.10 所示，国内外有很多学者加以论述（王想和李桐林，2004；Hsu et al., 1996）。归一化标准差（图 3.11）最大值对应场源边界，而在场源上方和外围其值最小，因此在识别边界的同时难以确定目标体位置。归一化标准差需要多次计算不同方向的导数，并且在窗口内计算各导数的标准差，很容易造成计算的不稳定。在复杂异常区，这种计算方式也非常容易受高频干扰产生假边界信息，而且一旦这种干扰程度强到足以引起归一化标准差的极大值混乱，就会造成识别边界的不连续。

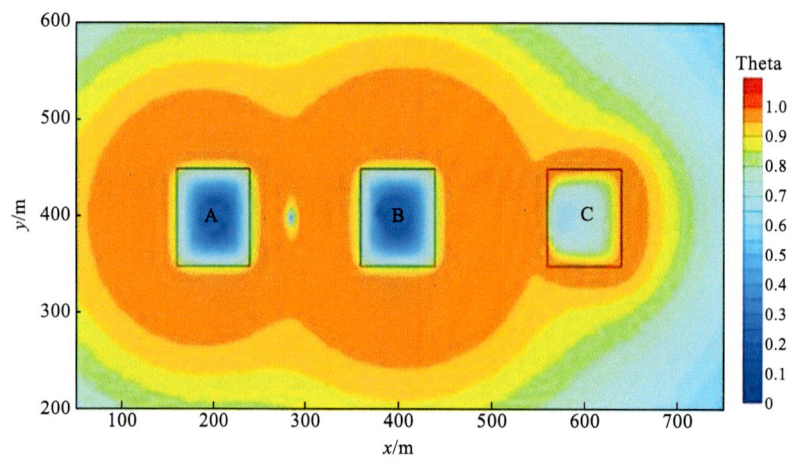

图 3.7 布格重力异常 Theta 图

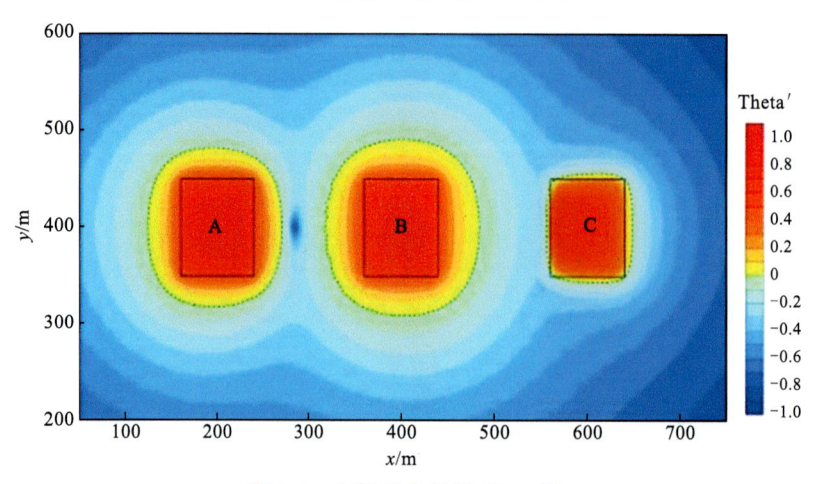

图 3.8 布格重力异常 Theta′图

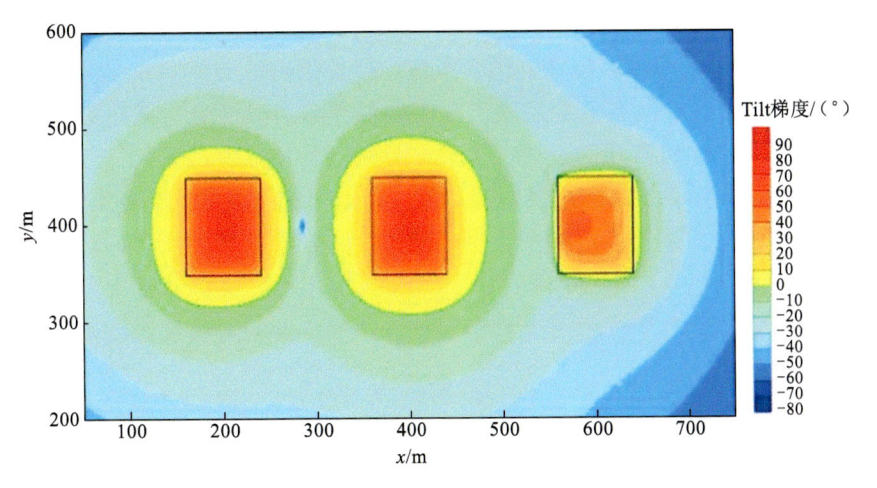

图 3.9 布格重力异常 Tilt 梯度

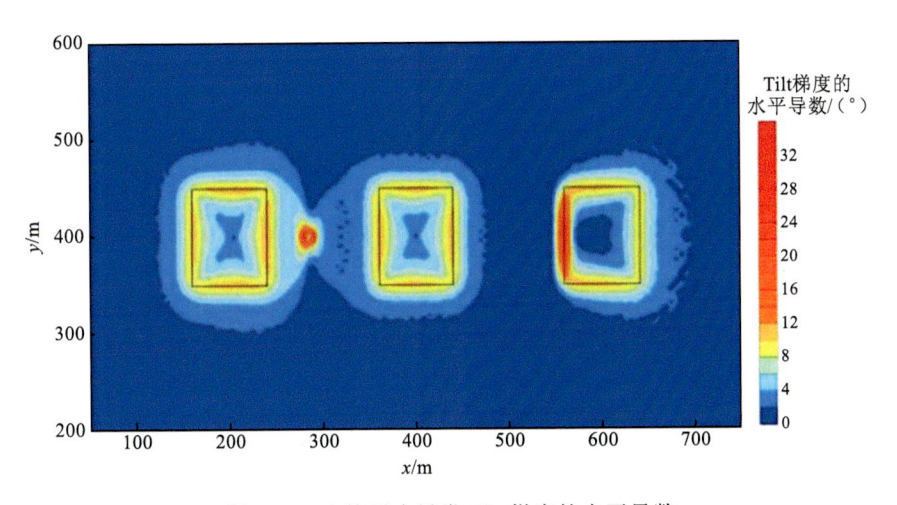

图 3.10 布格重力异常 Tilt 梯度的水平导数

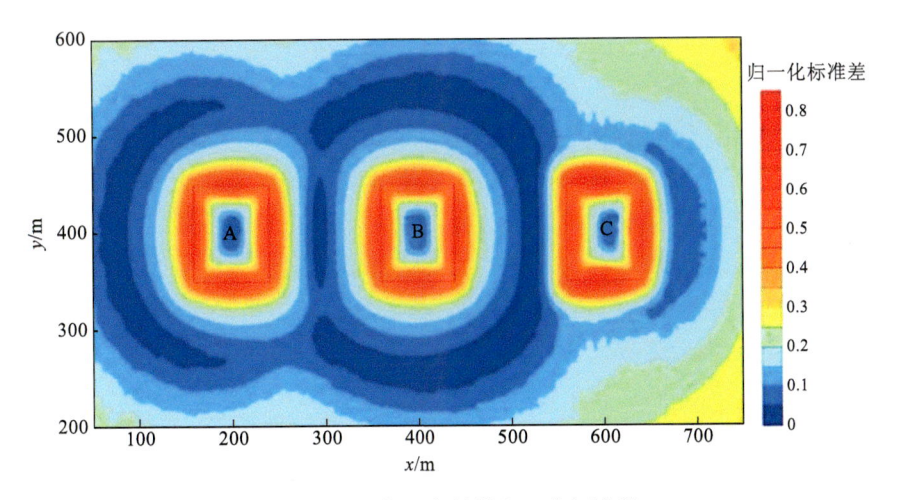

图 3.11 布格重力异常归一化标准差

从前面的分析可知，传统方法大多可以将地质体 A、B 的边界较好地反映出来，而对地质体 C 的边界反映得相对模糊，稍有不慎，容易丢失地质体 C 的边界信息。各向异性标准化方差（图 3.12）能有效地反映出三个地质体的边界信息，尤其对地质体 C 的弱信息边界，都能得到比较客观的反映，场源边界两侧各向异性标准化方差值正负差异明显，很容易判别，表明了该方法在识别弱异常、叠加异常边界的有效性。模型试验表明，利用各向异性标准化方差计算重磁源边界，通过各向异性函数替代方向滤波，实现了场源异常的"全方位扫描"，不仅克服了传统需要计算多个方向导数的烦琐，对不同幅值的强弱异常也能够实现边界分析，计算精度与算法稳定性相对传统方法都有很大改善。

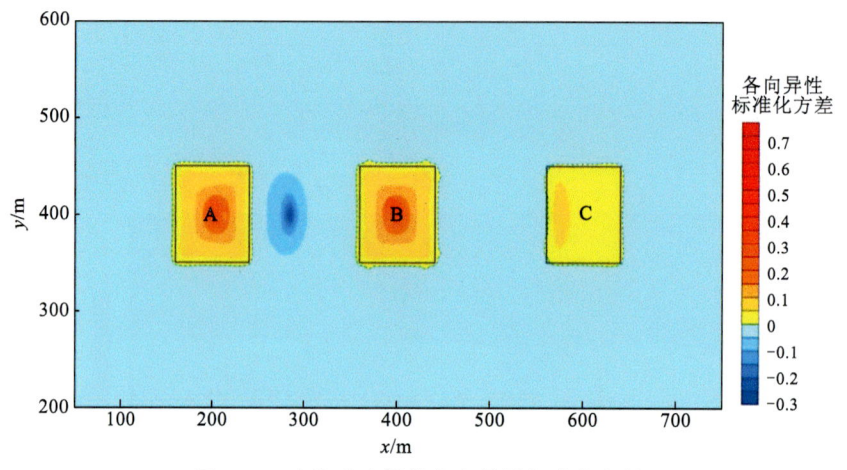

图 3.12　布格重力异常各向异性标准化方差

图中零值线（虚线）表示场源边界

2. 探测误差分析

尽管上述方法为研究重力异常边界探测提供了丰富的基础，但人们仍在研究边界探测方式以描绘更精确的边界。由于大多数边界探测滤波器直接（如 Tilt 梯度）或间接（如 NAV-Edge）利用了位场的导数或高阶导数，它们使用最大值（如水平导数和 Theta 图）或零值（如垂直导数和倾斜角）来定位边界。基于棱柱体模型的理论试验，Blakely 和 Simpson（1986）指出，通过水平梯度幅值定位的场源边界变得更圆滑，且随着深度增加，其探测结果越圆滑。Blakely（1995）指出，水平导数的最大值或垂直导数的零值仅适用于某些简单模型（如垂直接触台阶）的边界定位，这意味着大多数常规边界探测仅适用于浅层目标。在探测具有相对较大深度的场源边界时，常规探测无法定位真实的场源边界。前人为了改善边界探测方法的探测精度，基于向下延拓场开展边界探测以提高精度。向下延拓用于估计更接近源的场，因此从向下延拓场进行边界探测可以获得清晰的图像。由于向下延拓和边界探测器这两个操作都不稳定，基于向下延拓场实施边界探测可能会由计算振荡导致噪声或伪异常。Zhang 等（2019）通过公式推导和模型试验表明，对于深埋异常体，大多数现有方法探测到的场源边界的相对误差可能达到 1000%，为实际重磁异常边界探测的应用提供了误差参考。

大多数边界探测方法使用导数的零值点或极值点确定边界位置。Zhang 等（2019）根据下延无限垂直厚板状体的磁异常公式推导了基于垂向一阶导数和垂向二阶导数零值点确定边界的探测误差分别为

$$R_e = \frac{L_1 - a}{a} = \frac{\sqrt{a^2 + D^2}}{a} - 1 = \sqrt{1 + \left(\frac{D}{a}\right)^2} - 1 \tag{3.23}$$

$$R_e = \frac{L_2 - a}{a} = \frac{1}{\sqrt{3}} \sqrt{2\sqrt{1 + \left(\frac{D}{a}\right)^2 + \left(\frac{D}{a}\right)^4} + 1 - \left(\frac{D}{a}\right)^2} - 1 \tag{3.24}$$

式中：a 为棱柱体的半宽度；D 为上顶深度；L_1 为根据垂向一阶导数零值线确定的场源半宽度；L_2 为根据垂向一阶导数零值线确定的场源半宽度。

根据式（3.23）和式（3.24），可得到下延无限垂直厚板状体磁异常垂向一阶导数（V1D）和垂向二阶导数（V2D）零值线确定的边界误差，如图 3.13 所示。当上顶深度 D 和半宽度 a 的比值超过 10 时，其垂向一阶导数的零值线无法准确确定场源边界，根据其探测的误差可能达到 1000%。虽然利用高阶导数（如图 3.13 中的 V2D）能够降低误差，然而对于埋藏深度较大的异常体，V2D 的误差也迅速增大导致探测的场源边界远远大于真实边界。

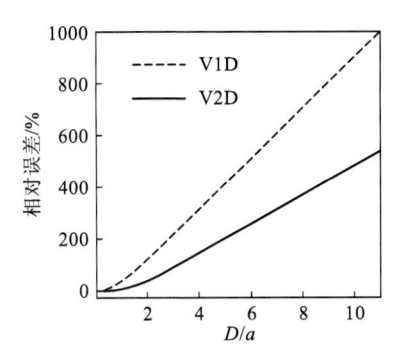

图 3.13　下延无限垂直厚板状体磁异常垂向一阶导数（V1D）和
垂向二阶导数（V2D）零值线确定的边界相对误差

3.2　重力异常位场分离方法

3.2.1　位场分离的定义

如图 3.14 和图 3.15 所示，地表观测得到重力异常，包含了从地表到地下深处所有密度不均匀性引起的重力效应（图 3.14 中黑色点）。根据研究对象的不同，采用特定的数学物理方法将局部异常（图 3.14 中蓝色线）和区域异常（图 3.14 中红色线）从观测异常分离出来的过程称为位场分离。其中区域异常是叠加异常中的一部分，主要是由分布较广的中、深部地质因素所引起的重磁异常。这种异常空间域特征是异常较大，但异

常水平梯度小。局部异常也是叠加异常中的一部分，主要是指相对区域因素而言范围有限的研究对象引起的范围相对较小的异常，但异常水平梯度相对较大。

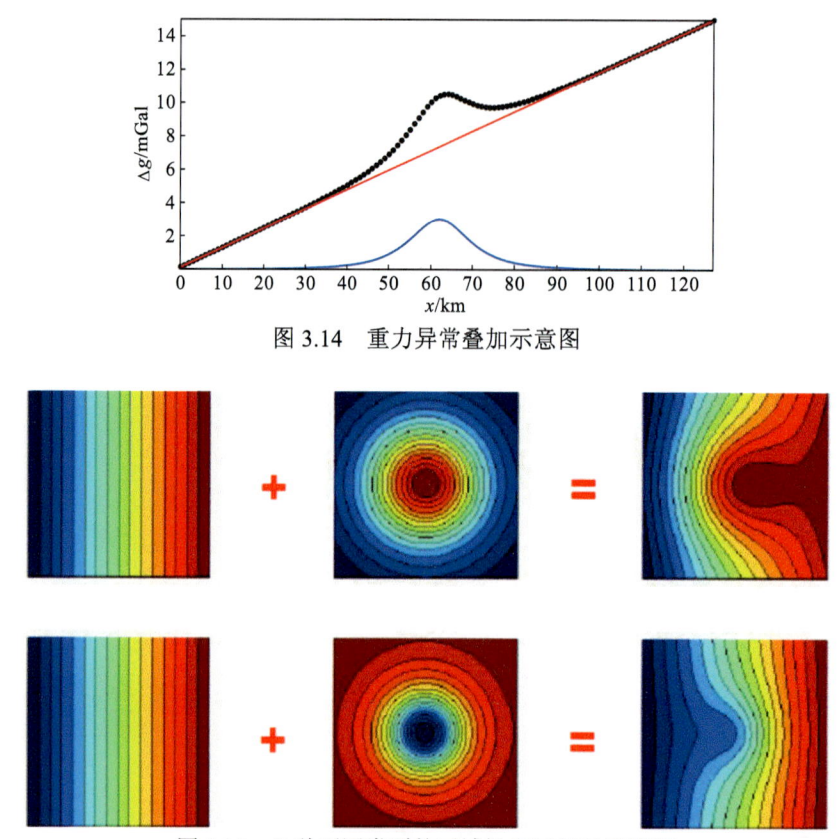

图 3.14　重力异常叠加示意图

图 3.15　几种不同类型的区域场和局部异常特征

在实际应用中，人们总是期望能够将局部场和区域场从叠加异常中进行有效的分离，提取出只包含目标体的重、磁异常信息，以便进行后续的数据解释。因此，需要采用一定的方法来削弱甚至去除这些误差干扰、提取出有用信号，即进行数据的去噪处理，然后对去噪后的数据进行重、磁异常的分离，得到目标体产生的异常信息。

为了使异常的分离更加容易，一般直接使用"二分法"，即将测量到的异常分为局部异常和区域异常两个部分。在勘探地球物理学领域，通常认为由具有埋藏浅和水平延伸小的特点的地质体或结构产生的异常为局部异常。在异常图中，局部异常通常表现出幅值较小、形态陡窄、异常范围小等特点。剩余异常并不是一个绝对概念，它是相对而言的，是指从观察到的异常中减掉某个异常后得到的剩余异常。

3.2.2　空间域位场分离方法

1. 滑动窗口平均

如图 3.16 所示，滑动窗口平均的基本思想可以表述为：如果重磁数据中的区域异常

可以在一定的剖面或平面范围内被看作是线性变化的，那么这个范围内中心点的区域异常值的大小可以用其平均异常值来代替，即

$$f_{\text{reg}}(x_i,y_j)=\frac{1}{(2m+1)(2n+1)}\sum_{k=-m}^{m}\sum_{l=-n}^{n}f(x_{i+k},y_{j+l}) \quad (3.25)$$

式中：$f_{\text{reg}}(x_i,y_j)$ 为所选窗口中心点的平均异常值；$(2m+1)(2n+1)$ 为参与计算的点数；$f(x_{i+k},y_{j+l})$ 为周围参与计算的点上的异常值。

在计算平均异常时，所选择的数据范围需要比局部异常的范围更大。

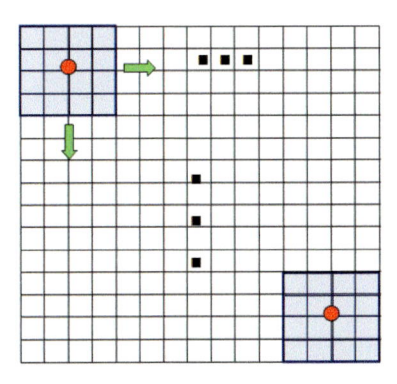

图 3.16 滑动窗口平均示意图

2. 插值切割法

插值切割法的本质是一种压制干扰技术，它基于不受局部异常影响或受影响很小的插值节点（即测点）上的测量值，构造得到插值函数，根据这个插值函数对原始测量值进行连续的插值切割，就可以求得受干扰地区的区域异常值。用原始测量值减去区域异常值，得到的就是局部异常值。该方法的基本原理是通过测点周围点的均值及切割半径构建出切割因子，引入与负二阶水平导数成正比的半二阶差分量，对数据的不同非线性部分产生不同程度的作用，有效地提高了具有不同特征的位场数据的分辨率。其基本公式为

$$f_{\text{reg}}(x,y)=(1-a)\cdot A(x,y)+a\cdot g(x,y) \quad (3.26)$$

式中：$f_{\text{reg}}(x,y)$ 为区域场值；a 为权重系数；$g(x,y)$ 为初始测量值；$A(x,y)$ 为计算点周围异常值的平均值。

该方法计算简单，但是在计算过程中需要选择计算点周围的四个点来计算均值，容易使分离结果出现"十字形"畸变，从而降低计算精度。为消除畸变、提高精度，可以对权重系数 a 和计算点周围异常值的平均值 $A(x,y)$ 的计算方法进行改正，得到变常规插值切割法。

刘东甲（2017）提出的递减半径迭代法的基本原理与插值切割法相似，基于给定半径的圆周上八点位场值的算术平均值，推导出八点圆周平均公式；随着迭代次数的增加，该方法的圆周窗口半径 r 逐次减小至一倍点距，根据构造出的区域异常迭代公式，来区分局部异常和区域异常。这种方法改进了迭代剩余异常，用迭代区域异常与修正后的迭代剩余异常相减，在迭代过程中多次重复，求解得到区域异常。与前两种插值切割类方法相比，更好地压制了虚假异常和高频干扰信号。

3.2.3 频率域位场分离方法

在频率域中进行位场分离时，首先要采用傅里叶变换，将实测离散数据转换到频率域中。然后选择合适的算子对其进行处理，最后采用傅里叶逆变换将处理结果转换到空间域。在频率域中，数据中的随机干扰主要集中在高频成分，因此采用合适的滤波可以成功地将有效信号分离出来。对于位场分离，区域场和局部场的频率成分也有所不同，区域场以低频成分为主，局部场以高频成分为主，因此采用提取不同频率成分的滤波可以成功地进行位场分离。频率域滤波在异常区分中的实际意义在于，它能够从频谱图中得到对应的地质异常体的近似埋深信息。例如，通过维纳滤波进行重力场的提取时，径向最大对数功率谱图可以成功反映出异常体的近似埋深信息。通过匹配滤波分离重力异常时，能够采用其垂向一阶导数径向平均对数能谱图来判断其埋深信息，而且具有一定的自适应性。本小节主要介绍实践中广泛应用的匹配滤波和小波多尺度变换位场分离方法。

1. 匹配滤波

基于傅里叶变换的匹配滤波法源于线性滤波，由 Spector 和 Grant（1970）提出。匹配滤波法是所有的线性滤波器中，输出的信号信噪比最高的一种，受到了广泛应用。相互重叠的不同埋藏地质体的异常信息在频谱中显示出不同的频率特性。因此，通过分析其径向平均对数功率谱，分别计算出深部场和浅部场的滤波算子，就可以达到异常分离的目的。浅部异常属于高频，深部异常属于低频。

匹配滤波实际上是将实际测量场的频谱 F 看作区域异常频谱 F_1 和局部异常频谱 F_2 的叠加，具体可以表示为

$$F = F_1 + F_2 \tag{3.27}$$

$$F_1 = B\mathrm{e}^{-Hr} \tag{3.28}$$

$$F_2 = b\mathrm{e}^{-hr}(1-\mathrm{e}^{lr}) \tag{3.29}$$

式中：B 为区域场重磁特性直接相关参数；H 为区域场中地质体的顶部埋深；b 为与局部磁场的重磁特性直接相关的参数；h 为局部场中地质体的顶部埋藏深度；l 为向下延伸的局部场的深度，同时令区域场为向下无限延伸的。

为了分析高频信息，可以将局部场近似为

$$F_2 \approx b\mathrm{e}^{-hr} \tag{3.30}$$

代入式（3.27），可得

$$F = B\mathrm{e}^{-Hr} + b\mathrm{e}^{-hr} = B\mathrm{e}^{-Hr}\left[1 + \frac{b}{B}\mathrm{e}^{(H-h)r}\right] = b\mathrm{e}^{-hr}\left[1 + \frac{B}{b}\mathrm{e}^{(h-H)r}\right] \tag{3.31}$$

即

$$F_1 = F\left[1 + \frac{b}{B}\mathrm{e}^{(H-h)r}\right]^{-1} \tag{3.32}$$

$$F_2 = F\left[1 + \frac{B}{b}\mathrm{e}^{(h-H)r}\right]^{-2} \tag{3.33}$$

这种处理方式称为匹配滤波法，其中 $\left[1+\dfrac{b}{B}\mathrm{e}^{(H-h)r}\right]^{-1}$ 和 $\left[1+\dfrac{B}{b}\mathrm{e}^{(h-H)r}\right]^{-2}$ 为滤波算子。匹配滤波法更适合用于进行垂向叠加异常的分离，它在推导过程中简化了地质模型，因此，其分离结果与实际条件密切相关。同时，将匹配滤波应用于磁异常解释时，应该注意以下应用条件：①深浅场源的磁异常既要不相关，又要同相位；②浅部与深部场源应分别近似于球体与下延很大的棒状体。

2. 小波多尺度变换位场分离方法

20 世纪 80 年代迅速发展起来的小波变换理论是应用数学分支，法国地球物理学家 Morlet 在 Gabor 变换的基础上，建立了 Morlet 小波。小波变换是一种时间和频率的局域转换，解决了很多傅里叶变换无法解决的问题。小波函数在时间域和频率域中都具备很好的局部分析功能，因此在众多领域中都有非常广泛的应用。杨文采等（2001）采用小波多尺度分解方法对中国大陆布格重力异常进行了处理，首次揭示出了对应于不同尺度和不同埋藏深度的岩石圈密度不均匀性。

小波变换作为多尺度几何分析中最常用的一种方法，是在短时傅里叶变换的基础上发展而来的。小波变换的窗口可以随着频率的增大而减小，表现出了良好的自适应性。Mallat 算法也叫塔式算法或快速小波算法，可以通过调节尺度因子来达到分解与重构信号的目的。从本质上来说，Mallat 算法属于递推过程，它采用滤波器将目标信号分解为高频细节信息与低频逼近信息，然后再把分解得到的低频逼近信息进行分解，从而得到更低一级的逼近信息与细节信息，以此类推，直至获取所需要的目标信息。任何函数 $f(x) \in L^2(R)$ 都能够进行多尺度分解，然后依据目标函数 $f(x)$ 的逼近信号（低频）及细节信号（高频）来达到重构的目的。其中，逼近信号的分辨率是 2^{-N}，细节信号的分辨率是 2^{-j} $(1 \leqslant j \leqslant N)$。多尺度分解的高频成分保持不变，只针对低频成分进行多次分解，具体可以表示为

$$f(x) = A_n + D_n + D_{n-1} + \cdots + D_2 + D_1 \tag{3.34}$$

式中：$f(x)$ 为初始信号；A 为逼近信号；D 为细节信号；n 为多尺度分解的阶数。

在实际应用中，可以对得到的低频部分做进一步的分解，得到更低一层的逼近信号和细节信号。当然，小波分解的层数并不是无限大的，也不是随意确定的。对于长度为 N 的信号，最多可以分解成 $n = \log_2 N$ 层。小波多尺度分解可以用图 3.17 来更直观地体现。

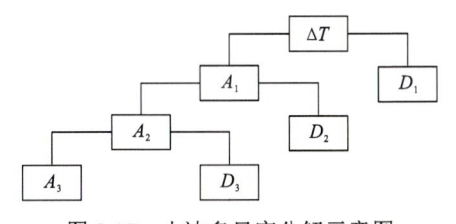

图 3.17 小波多尺度分解示意图

重磁位场数据在小波变换中，可以被分解为逼近信号和各阶细节信号，逼近信号可以视为区域场，而剩下的各阶细节信号相加可以视为局部场。分解层数对位场分离的结

果影响很大，通常情况下，通过试验和对异常场的先验知识选取合适的分解层数和参数来进行位场分离。小波多尺度分析方法可以将叠加的重力异常成分进行区分，不同尺度下分解得到的高频细节信息反映了不同深度的异常体特征，低频逼近信息则表征了地壳结构在重力异常中的特征。作为一种辅助手段，功率谱分析方法可以用来对不同深度地质体的平均埋深信息进行定量化估计，将其与小波多尺度分析相结合，能够获得更好的分析解释结果。

3.2.4 模型试验

如图 3.18 所示，模型的测量范围为 1500 m×1000 m，x 轴和 y 轴上的采样点距均为 10 m，正演垂直磁化条件下两个不同深度的球体产生的叠加磁异常，模型参数如表 3.2 所示，将浅部球体产生的磁异常作为局部异常，将深部球体产生的磁异常作为区域异常，利用不同位场分离方法开展对比试验以评估不同方法的分离效果。

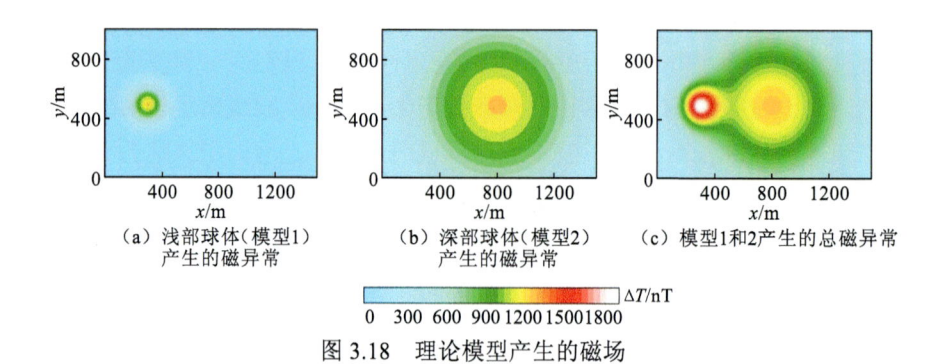

（a）浅部球体（模型1）产生的磁异常

（b）深部球体（模型2）产生的磁异常

（c）模型1和2产生的总磁异常

图 3.18 理论模型产生的磁场

表 3.2 正演模型参数表

模型	球心坐标/m	球心深度/m	球半径/m	磁化强度/(A·m^{-1})
1	（300，500）	200	80	24
2	（800，500）	1000	400	24

采用实践中广泛使用的滑动窗口平均及小波多尺度分析方法进行处理，根据相关系数方法估计滑动窗口平均的窗口大小及小波多尺度分解阶数。图 3.19（a）是采用滑动窗口平均利用不同窗口大小得到的局部异常与区域异常之间的相关性，图 3.19（b）是采用小波多尺度分析利用 db4 小波不同分解阶数得到的局部异常与区域异常之间的相关性。根据相关系数曲线，滑动窗口平均方法的窗口大小为 15×15，对应的位场分离结果如图 3.20（a）和（b）所示，显然局部异常没有被彻底分离，但若增大窗口，则部分区域异常的能量被分离为局部异常，导致相关系数值增大，根据多次试验，选择窗口大小为 25×25 时的分离结果作为对比（图 3.21）。图 3.19（b）显示小波多尺度分析前 5 阶的细节分量为局部异常特征，对应的分离结果如图 3.20（c）和图 3.20（d）所示。

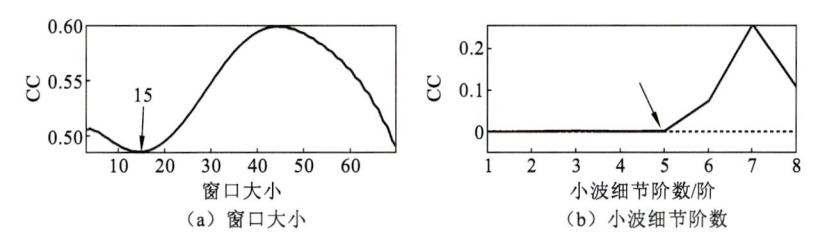

图 3.19 根据相关系数（CC）估计分离参数

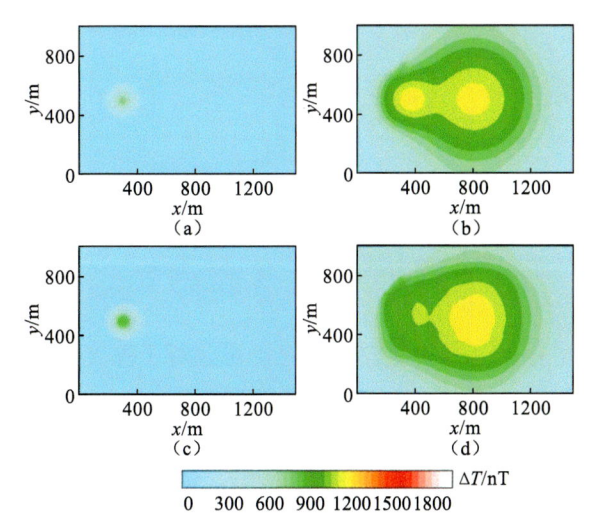

图 3.20 不同方法位场分离结果

（a）、（b）分别是滑动窗口平均采用本节估计的窗口大小得到的局部异常和区域异常；
（c）、（d）分别是小波多尺度分析采用本节估计的分解尺度得到的局部异常和区域异常

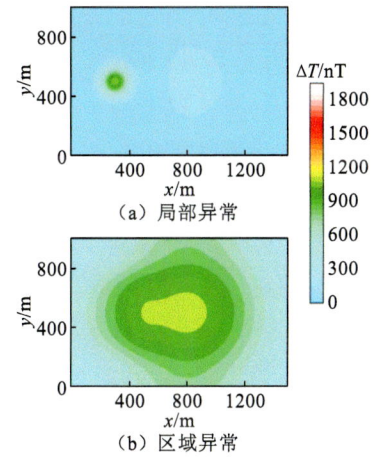

图 3.21 窗口大小取 25×25 时滑动窗口平均得到的局部异常和区域异常

在高精度重力勘探中，位场分离是重磁异常定性解释的重要工作，也是后续进行反演和定量解释的基础与前提。根据前人研究，位场分离在实践中存在着区域场与局部场分离不足或过分离的难题。滑动窗口平均法是位场分离中广泛应用的方法，实践中，受

>>> • 51 •

窗口内的平均值计算同时受局部异常及区域异常的影响，计算的平均值与区域异常存在差异，必然引起分离结果中产生伪异常。对小波多尺度分析方法而言，区域异常与局部异常在频率域中存在的混叠现象，也常常使部分局部异常的能量存在于较高阶的小波细节中，而部分区域场的能量则会存在于较低阶的小波细节中，使分离不彻底或者过分离。

3.3 重力异常延拓

3.3.1 延拓的概念

向上延拓：根据观测面上的重力异常值，计算观测面以上某个高度平面的异常值的过程称为向上延拓。

向下延拓：根据观测面上的重力异常值，计算观测面以下场源以上某个平面上的异常值的过程称为向下延拓。

重力场值与场源到测点距离的平方成反比，因此对于深度相差较大的两个场源体，进行同一个高（深）度的延拓，它们各自的异常减弱或增大的速度是不同的。进行上延计算时，由浅部场源体引起的范围小、比较尖锐的"高频"异常，随高度增加的衰减速度比较快；而由深部场源体引起的范围大的宽缓的"低频"异常，随高度增加的衰减速度比较慢。向上延拓有利于相对突出深部异常特征。进行下延计算时，由浅部场源体引起的"高频"异常随深度增加（高度减小）的增大速度比较快，而由深部场源体引起的"低频"异常其增大速度比较慢。向下延拓相对突出了浅部异常。向上延拓具有"低通滤波"的特性，它的主要作用是使异常变得平滑，相对突出了区域异常的特征。有时用几个不同高度上的异常联合，或构建 XOZ 断面上空间等值线图，以扩大解某些反问题的能力。向下延拓则是向上延拓的逆过程，具有"高通滤波"的特性，其作用是相对突出了局部异常，分析在水平方向叠加的异常，以及由于下延使延拓面更接近场源，异常等值线的形状与场源体水平截面形状更为接近，因而可用来了解复杂异常源的平面轮廓。

此外，根据以上论述，可以利用解析延拓定性估计场源的深度。在某个高度（深度）处的上延（下延）值相当于把观测面移到这个高度（深度）处得到的值，也相当于保持观测面不动，把场源体向下（上）移动了一个等于这个高度（深度）的距离，在原观测面上得到的异常值。了解这些对应关系，有助于增加解释的手段。

空间域向上延拓的解析式可表示为

$$\Delta g(x,y,-h) = \frac{h}{2\pi} \int_{-\infty}^{+\infty} \int_{-\infty}^{+\infty} \frac{\Delta g(\xi,\eta,0)}{\left[(\xi-x)^2 + (\eta-y)^2 + z^2\right]^{3/2}} \mathrm{d}\xi \mathrm{d}\eta \quad (h>0) \quad (3.35)$$

其傅里叶频谱表达式为

$$\begin{aligned} G(u,v,-h) &= \int_{-\infty}^{+\infty} \int_{-\infty}^{+\infty} \frac{h \cdot g(\xi,\eta,0)}{\left[(\xi-x)^2 + (\eta-y)^2 + z^2\right]^{3/2}} \mathrm{e}^{-\mathrm{i}2\pi(ux+vy)} \mathrm{d}x \mathrm{d}y \\ &= G(u,v) \cdot \mathrm{e}^{-2\pi\sqrt{u^2+v^2} \cdot h} \end{aligned} \quad (3.36)$$

式中：$e^{-2\pi\sqrt{u^2+v^2}\cdot h}$ 为频率域向上延拓响应因子。

根据式（3.36），可得重力异常向下延拓的谱为

$$G(u,v,h) = G(u,v)\cdot e^{2\pi\sqrt{u^2+v^2}\cdot h} \tag{3.37}$$

式中：$e^{2\pi\sqrt{u^2+v^2}\cdot h}$ 为频率域向下延拓响应因子。

3.3.2 向下延拓的欠稳定性

利用向下延拓的手段，可以分离位场数据的异常，不仅可以分离出在水平方向上"相互叠加"的异常数据，也能突出局部异常，使地层浅部地质信息更加清晰，在实践中具有重要的作用。然而相对于向上延拓，向下延拓理论上具有不适定性，向下延拓的不稳定性极大地影响了高精度、大深度向下延拓场的计算与应用，也吸引了国内外学者的广泛关注。基于频率域的向下延拓计算公式，即直接在频率域内将重力异常频谱乘以频率与向下延拓因子，通常只能获得下延深度1~2倍测点距的稳定计算结果，如果向下延拓的深度继续增加，则最终得到的结果内的误差将会变得极大，以至于延拓结果出现振荡。如图3.22所示，向下延拓因子的幅值随着频率的升高呈现指数上升，因此，原始数据中中高频的微小噪声干扰经过向下延拓后幅值迅速放大，进而使向下延拓的结果主要受噪声的影响掩盖有效异常的特征。

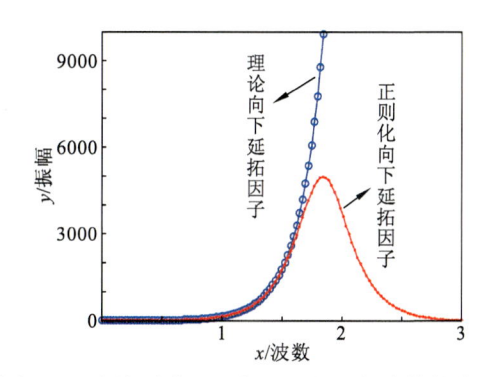

图3.22 频率域向下延拓因子振幅与波数的关系

因此，直接利于频率域传统的向下延拓因子很难得到下延深度较大时的稳定的结果，国内外学者围绕大深度、高精度的延拓计算开展了大量研究。

3.3.3 大深度向下延拓方法

根据调和空间狄利克莱问题，空间域位场延拓计算公式如下：

$$f(x,y,-h) = \frac{-h}{2\pi}\int_{-\infty}^{+\infty}\int_{-\infty}^{+\infty}\frac{f(\varepsilon,\eta,0)}{[(x-\varepsilon)^2+(y-\eta)^2+h^2]^{3/2}}d\varepsilon d\eta \tag{3.38}$$

式中：$f(x,y,0)$ 和 $f(x,y,-h)$ 分别为观测场和延拓场。

根据褶积积分公式，式（3.38）对应的频域计算式可转换为

$$F(u,v,-h) = F(u,v,0) \cdot e^{-h \cdot 2\pi\sqrt{u^2+v^2}} \tag{3.39}$$

式中：$F(u,v,0)$ 和 $F(u,v,-h)$ 分别为观测场和延拓场的傅里叶变换。

当 h 为正时，式（3.39）为向上延拓；反之，则为向下延拓。可见对于向下延拓算子，其延拓因子的幅值随着频率的增加以指数级迅速增大（图 3.22 中蓝色线），任何随机噪声的存在都会导致严重的计算振荡。基于直接滤波思想的稳定下延算法（如正则化方法）是将具有高幅值的高频延拓因子进行压制（图 3.22 中红色线）。

前人在研究中，将向下延拓在空间域看作向上延拓的反问题，通过近似下延逐步逼近理论值：

$$f^i(x,y,h) = f^{i-1}(x,y,h) + D_h^{-1}(f_{res}^{i-1}) \tag{3.40}$$

式中：$f^{i-1}(x,y,h)$ 为第 $i-1$ 次迭代后的下延场值；$f^i(x,y,h)$ 为第 i 次迭代后的下延场值；$D_h^{-1}(f_{res}^{i-1})$ 为对 $i-1$ 次迭代后的剩余异常 f_{res}^{i-1} 计算向下延拓，其中 D_h^{-1} 为近似向下延拓算子。

式（3.40）需要首先确定近似延拓算子的泰勒展开级数，每一步迭代需要考虑噪声的压制，虽然可以从理论上证明迭代的收敛性，但主要体现了一种近似下延的思想。研究指出，对于空间域最小二乘向下延拓反演方法（Cooper，2004），其收敛性更加明确，具有较高的下延精度：

$$f_h = (A^{\mathrm{T}}A + kI)^{-1} A^{\mathrm{T}}e \tag{3.41}$$

式中：A 为梯度矩阵；常数 k 为最小二乘阻尼系数；I 为单位矩阵；e 为空间域剩余异常场；f_h 为向下延拓场。

需要指出的是，这里梯度矩阵是基于空间域数值差分得到的，其计算相对耗时。实践中广泛采用吉洪诺夫正则化向下延拓（Tikhonov regularization downward continuation，TRDC）方法（Pašteka et al., 2012; Li and Devriese, 2009; Tikhonov et al., 1968），其频率域延拓因子可表示为

$$Q = \frac{e^{2\pi\sqrt{u^2+v^2} \cdot h}}{1 + \lambda(u^2+v^2)e^{2\pi\sqrt{u^2+v^2} \cdot h}} \tag{3.42}$$

式中：λ 为正则化参数，是影响向下延拓效果的主要参数。

由于正则化参数的设定是 TRDC 方法中至关重要的一步，一些研究选择了不同于 L_p 范数局部最小值的经验正则化参数。例如，在 Zhou 等（2023）根据 L 曲线的局部最小值确定的值应为 0.0085，但是文章中选择 0.005；Li 等（2020）根据 C 范数的局部最小值确定的值应为 0.1495，但是文章中选择 0.0248。前人研究表明，从 C 范数的局部最小值确定正则化参数的 TRDC 方法会得到一个平滑向下连续的场，这意味着确定的正则化参数太大，无法得到更清晰的图像和估计准确的振幅。基于这些分析，如何确定正则化参数，依然是当前高精度向下延拓面临的难题。Li 等（2024）提出了迭代正则化向下延拓方法，提出了较简单适用的迭代向下延拓方法，共分为以下 5 个步骤。

（1）首先利用传统 TRDC 计算第一次迭代值 $F_1 = F(u,v,h) \cdot Q$，假设 Q 是 TRDC 因子。

（2）计算向上延拓值 $F_1 \cdot e^{-h \cdot 2\pi \sqrt{u^2+v^2}}$，并得到差值场的异常：

$$dF_1 = F(u,v,h) - F_1 \cdot e^{-h \cdot 2\pi \sqrt{u^2+v^2}}$$

（3）利用差值异常计算第二次迭代值 $F_2 = dF_1 \cdot Q$，差值场的异常可表示为

$$dF_2 = F(u,v,h) - e^{-h \cdot 2\pi \sqrt{u^2+v^2}} \sum_{i=1}^{2} F_i$$

（4）进行第 i 次迭代，计算迭代值 $F_i = dF_{i-1} \cdot Q$，其差值场的异常可表示为

$$dF_i = F(u,v,h) - e^{-h \cdot 2\pi \sqrt{u^2+v^2}} \sum F_i$$

（5）当总迭代次数达到 N 后，最后向下延拓场可表示为 $\mathrm{ifft}\left(\sum_{i=1}^{N} F_i\right)$。

3.3.4 模型试验

本小节将迭代正则化向下延拓方法与基于最优参数的正则化向下延拓方法进行对比，分析两种方法的优缺点。图 3.23（a）模拟的是 4 个相邻异常体 A、B、C、D 在原平面产生的磁异常（点线距为 50 m，数据大小为 256×256），图 3.23（b）模拟的是观测面高度为 2 km 的磁异常。由图 3.23 可见，随着观测距离的增大，图 3.23（b）呈现的是具有一个异常中心的宽缓磁场特征，异常分辨力较图 3.23（a）显著降低。为了突出 A、B、C、D 4 个场源体的局部异常特征，将图 3.23（b）延拓至原平面，采用的是基于最优参数的正则化向下延拓方法及迭代正则化向下延拓方法。图 3.24 是对图 3.23（b）利用基于最优参数的正则化方法和迭代正则化方法向下延拓 2 km（即 40 倍测点距）至原平面的结果及其延拓误差，延拓场与真实值在主异常区的相关系数分别为 0.95 和 0.98，剩余异常均方误差分别为 0.2 nT 和 0.2 nT。向下延拓处理提高了磁异常的分辨率，对旁侧叠加异常有更好的分辨能力，较好地突出了图中 A、B、C 和 D 4 个异常体的特征。相较于基于最优参数的正则化方法[图 3.24（a）]，迭代正则化方法得到的向下延拓场[图 3.24（c）]更加接近真实值，其剩余异常中也没有发现有效磁异常存在的痕迹。

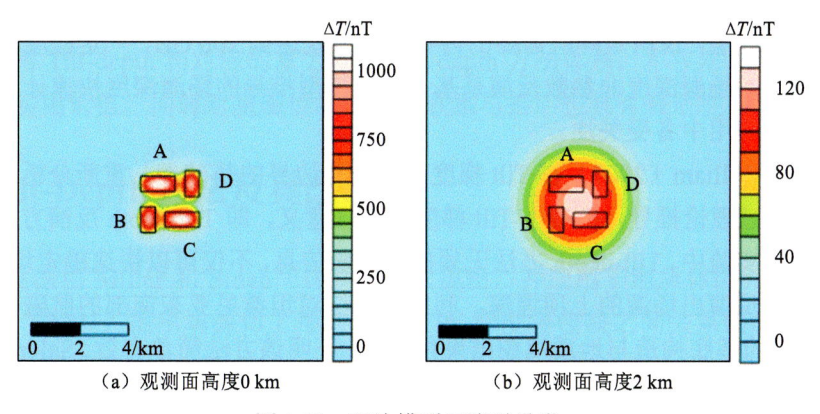

图 3.23　理论模型正演磁异常

模型位置如图中黑色线所示

张恒磊等（2012）将磁场 Tilt-depth 的一阶导数关系式推广至二阶形式，导出场源顶深与异常的两个二阶导数之比的关系式，即 V2D-depth 方法：

$$\theta(\text{V2D\_Depth}) = \arctan\left(\frac{T_{zz}}{T_{zG}}\right) = \arctan\left(\frac{2xz_0}{x^2 + z_0^2}\right) \tag{3.44}$$

式中：T_{zz} 为磁场垂向二阶导数；$T_{zG} = \sqrt{T_{zh}^2 + T_{zz}^2}$，其中 T_{zh} 为磁场垂向导数的水平导数。

对于 Tilt-depth 方法，由式（3.43），选择两条特征等值线 $\theta = \pm 45°$，则 $x = \pm z_c$，此时，可通过计算绘制的 Tilt 梯度图上两条特征等值线（−45° 和 +45°）之间的距离推算出地质体的上顶埋深，并由 0 值线辨别出场源体的边界。

对于 V2D-depth 方法，由式（3.44）通过计算对应的两条等值线（特征等值线）之间的空间距离反演地质体深度，当选择 $x = \pm z_0$、$x = \pm z_0/2$ 或者 $x = \pm z_0/4$ 两条成对的等值线时，分别对应 $\pm\arctan(1)$、$\pm\arctan(4/5)$ 和 $\pm\arctan(8/17)$ 等值线，分别乘以系数 0.5、1 和 2 即可求得反演的地质体上顶深度。

关于 Tilt-depth 方法提出的理论基础以及后来在此基础上所做的改进与应用都是基于磁异常的，而在确定基底深度以及划分构造单元等方面，重力资料具有不可或缺的应用价值，研究表明，重力异常垂向二阶导数与一阶导数在空间的变化规律基本保持一致，二者不同之处是二阶导数的零值线位置比一阶导数的零值线位置更加接近异常体上顶面边缘位置（王万银，2010，2012），因此，本小节基于铅垂台阶重力异常公式（曾华霖，2005）推导出地质体上顶深度与异常的垂向二阶导数、水平二阶导数的关系式，即重力场 Tilt-depth 方法。

地球物理勘探中，不同岩性接触带以及断裂构造等地质特征，可简化看作铅垂台阶来研究，正演计算重力异常公式为（曾华霖，2005）：

$$\begin{aligned}\Delta g &= 2G\sigma \int_0^\infty d\xi \int_{z_0}^d \frac{\zeta d\zeta}{(\xi - x)^2 + \zeta^2} \\ &= G\sigma\left[\pi(d - z_0) + x\ln\frac{x^2 + d^2}{x^2 + z_0^2} + 2d\arctan\frac{x}{d} - 2z_0\arctan\frac{x}{z_0}\right]\end{aligned} \tag{3.45}$$

式中：G 为万有引力常量，值为 6.672×10^{-11} m³/(kg·s²)；σ 为剩余密度；E_0 为上顶深度；d 为下底深度。坐标系及其相关参数如图 3.25 所示。

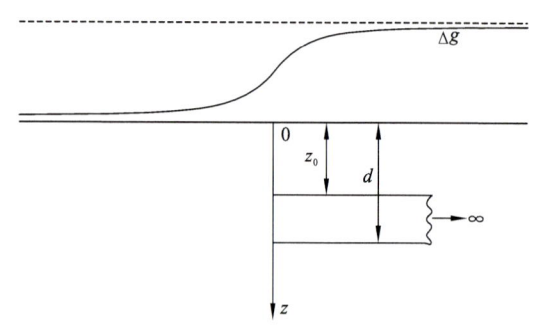

图 3.25 铅垂台阶理论重力异常曲线

为了推导重力场 Tilt-depth 公式，先求取重力异常垂向一阶导数 Δg_z，然后求取垂向二阶导数及基于垂向一阶导数的水平导数：

$$\Delta g_z = 2G\sigma\left(\arctan\frac{d}{x} - \arctan\frac{z_0}{x}\right) \tag{3.46}$$

$$\Delta g_{zz} = 2G\sigma\frac{x(d^2 - z_0^2)}{(x^2 + d^2)(x^2 + z_0^2)} \tag{3.47}$$

$$\Delta g_{zh} = 2G\sigma\frac{(d - z_0)(d \cdot z_0 - x^2)}{(x^2 + d \cdot z_0)^2 + x^2(d - z_0)^2} \tag{3.48}$$

式中：对于平面重力异常，有 $\Delta g_{zh} = \sqrt{\left(\frac{\partial g_z}{\partial x}\right)^2 + \left(\frac{\partial g_z}{\partial y}\right)^2}$。

将式（3.47）和式（3.48）求商，得

$$\frac{\Delta g_{zz}}{\Delta g_{zh}} = \frac{2G\sigma\dfrac{x(d^2 - z_0^2)}{(x^2 + d^2)(x^2 + z_0^2)}}{2G\sigma\dfrac{(d - z_0)(d \cdot z_0 - x^2)}{(x^2 + d \cdot z_0)^2 + x^2(d - z_0)^2}} = \frac{x(d + z_0)}{d \cdot z_0 - x^2} \tag{3.49}$$

为了求取地质体的上顶埋深，假设 $d \to \infty$，据此将式（3.49）化简，即得到基于铅垂台阶的重力场 Tilt-depth 方法：

$$\text{Tilt\_depth} = \arctan\left(\frac{\Delta g_{zz}}{\Delta g_{zh}}\right) = \arctan\left(\frac{x}{z_0}\right) \tag{3.50}$$

式中：x 为空间坐标；z_0 为铅垂台阶上顶深度。

从本小节推导所得结果式（3.50）可以看出，基于二阶导数推导得出的重力场 Tilt-depth 公式与 Salem 和 William（2007）提出的基于磁异常一阶导数的 Tilt-depth 公式形式上一致。

张恒磊等（2012）提出了基于二阶导数的磁源边界与顶部深度快速反演方法（V2D-depth），实现了弱磁异常信息的提取，克服了 Tilt-depth 对叠加异常分析效果欠佳的缺点，同时提高了计算精度。考虑重力位比磁位低一阶导数以及基于重力场二阶导数的广义 Tilt-depth 方法对应于基于磁场一阶导数的 Tilt-depth 方法，为了实现重力场领域内微弱异常及叠加异常的更好分析，本小节将重力场领域内的广义 Tilt-depth 方法推广至三阶导数，以期达到提高异常分析精度的目的。

以铅垂台阶重力场二阶导数公式[式（3.47）]为基础，进一步求取高阶导数，即

$$\Delta g_{zzz} = 2G\sigma\frac{(d - z_0)[-2x^5 + 4d \cdot z_0 \cdot x^3 + 2 \cdot d \cdot z_0(d^2 + z_0^2 + d \cdot z_0)x]}{[(x^2 + d^2)(x^2 + z_0^2)]^2} \tag{3.51}$$

$$\Delta g_{zzh} = 2G\sigma\frac{(d - z_0)(d + z_0)[-3x^4 - (d^2 + z_0^2)x^2 + d^2 \cdot z_0^2]}{[(x^2 + d^2)(x^2 + z_0^2)]^2} \tag{3.52}$$

$$\Delta g_{zzG} = \sqrt{(\Delta g_{zzz})^2 + (\Delta g_{zzh})^2} \tag{3.53}$$

式中：Δg_{zzz} 为 Δg 重力异常的垂向三阶导数；Δg_{zzh} 为 Δg 重力异常垂向二阶导数 Δg_{zz} 的水平导数，对于平面重力异常有 $\Delta g_{zzh} = \sqrt{\left(\frac{\partial \Delta g_{zz}}{\partial x}\right)^2 + \left(\frac{\partial \Delta g_{zz}}{\partial y}\right)^2}$。

将式（3.51）和式（3.53）求商，为了求取地质体的上顶埋深，假设 $d \to \infty$，经一系列的化简过程及求取极限值，得到如下比值关系式：

$$\frac{\Delta g_{zzz}}{\Delta g_{zzG}} = \frac{2z_0 x}{z_0^2 + x^2} \quad (3.54)$$

由此可以确定基于垂向三阶导数的重力场 V2D-depth 方法：

$$\theta(\text{V2D\_Depth}) = \arctan\left(\frac{\Delta g_{zzz}}{\Delta g_{zzG}}\right) = \arctan\left(\frac{2z_0 x}{z_0^2 + x^2}\right) \quad (3.55)$$

式中：x 为空间坐标；z_0 为铅垂台阶上顶深度。

值得说明的是，在推导重力场 V2D-depth 方法[式（3.55）]时，分母为 Δg_{zzG} 而并非 Δg_{zzh}，这样做的目的是避免数值的奇异问题，Tilt 方法在异常极大值处水平导数为零，即当分母为零时产生奇异值；而小节推导所得重力场 V2D-depth 方法[式（3.55）]产生奇异值的前提条件是垂向三阶导数与垂向二阶导数的水平导数同时取值为零，此种情形在异常区是不成立的，因此，V2D-depth 方法避免了出现数值奇异的问题。

3.4.2 理论模型试验

本小节根据台阶模型公式推导重力场 Tilt-depth，当棱柱体的长和宽有一定的延伸时，其边界处近似看作台阶；为了验证本小节方法的正确性与有效性，进行如下组合理论模型试验研究，模型参数如表 3.3 所示，其中地质体 A 为上顶倾斜的棱柱体，正演所得重力异常如图 3.26 所示。为了获取两个场源的水平位置及埋深，采用本小节提出的重力场 Tilt-depth 方法进行处理，结果如图 3.27（a）所示，对地质体边界识别效果较好，同时，反演所得深度如实地反映出地质体 A 上顶面的倾斜状况，地质体 A 上界面向南倾斜，根据特征等值线之间的距离可以判断出北部埋深浅，南部埋深大。对于地质体 B，是上顶面水平的棱柱体，但受相邻地质体的影响，地质体 B 西边埋深减小，反演所得特征等值线的分布状况表明上界面深度的不一致性。此外，图 3.27（b）是直接根据磁异常 Tilt-depth 计算的结果。显然，直接将磁异常的 Tilt 解释方法应用于重力资料的解释，其结果是不正确的。

表 3.3 模型参数

地质体编号	平面位置坐标（x，y）	上顶深度/km	下底深度/km	密度/(g/cm³)
A	(15, 15)(35, 15)(35, 35)(15, 35)	2.0（北） 4.0（南）	50	0.05
B	(47, 18)(53, 18)(53, 32)(47, 32)	2	41	0.01

为了更加客观地反映地质体的边界及上界面的埋深，就本小节提出的 V2D-depth 方法进行高阶推广，具体理论公式见式（3.55）。对图 3.26 理论模型正演重力异常采用高阶推广的方法进行反演处理，结果如图 3.27 和表 3.4 所示。值得指出的是，重力异常的 V2D-depth 方法需要计算观测重力异常的三阶导数，计算过程很容易产生干扰，因此图 3.28 的结果是经过向上延拓 1.6 km 以压制高频干扰。

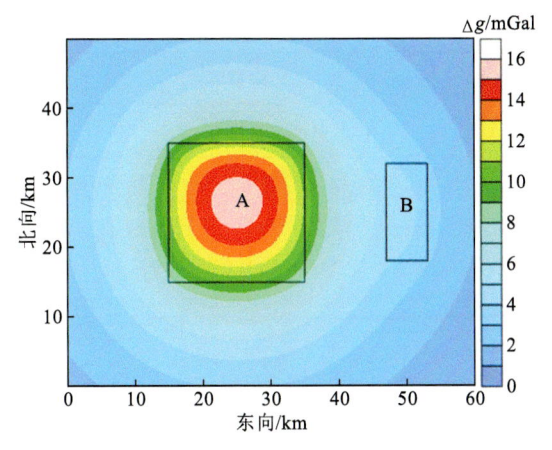

图 3.26 理论模型正演 Δg 重力异常

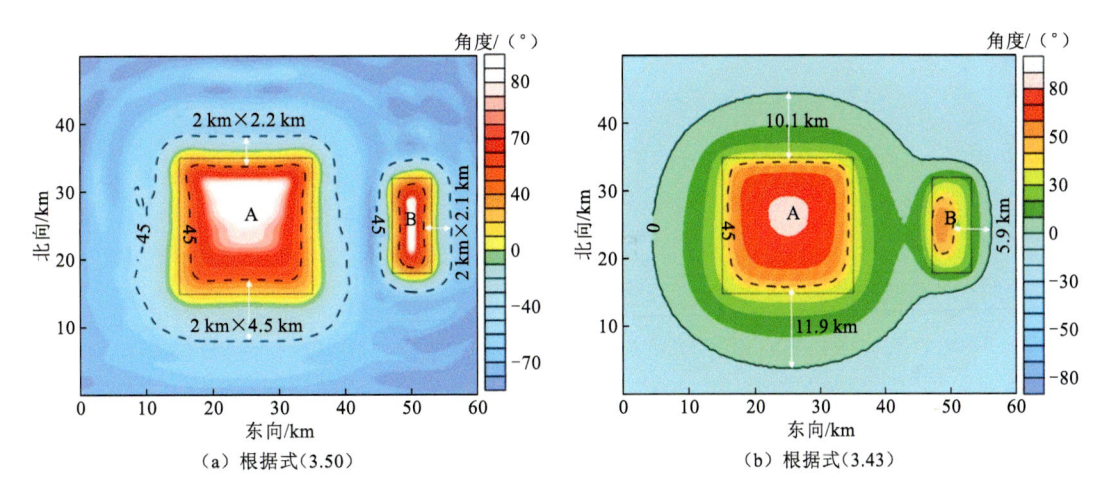

(a) 根据式(3.50)　　　(b) 根据式(3.43)

图 3.27 重力异常 Tilt-depth 反演结果

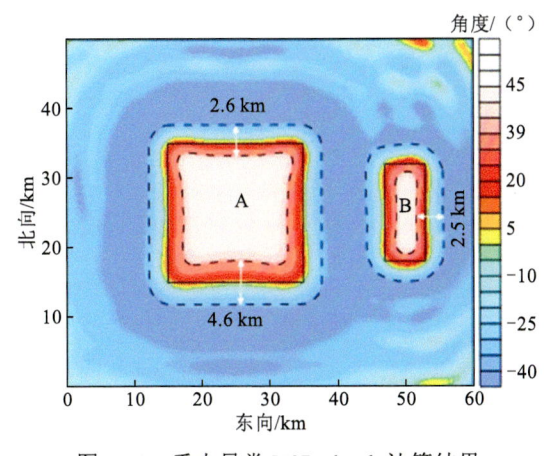

图 3.28 重力异常 V2D-depth 计算结果

表 3.4 模型反演结果

项目	地质体 A 北部	地质体 A 南部	地质体 B
实际深度	Z_0 = 2.0 km	Z_0 = 4.0 km	Z_0 = 2.0 km
Tilt-depth 反演深度	2.2	4.5	2.1
V2D-depth 反演深度	2.6	4.6	2.5

以上结果显示，磁异常的 Tilt-depth 及 V2D-depth 解释方法可以应用到重力资料解释中。然而对于磁异常解释（张恒磊 等，2012），重力异常的 V2D-depth 解释方法并没有显示出相对 Tilt-depth 的优越性，主要原因是高阶导数计算的不稳定性。

第 4 章

重力异常正反演方法

4.1 重力异常正演理论

计算某个地质体所引起的重力异常，可以先根据牛顿万有引力公式计算地质体的剩余质量所引起的引力位，再求出引力位沿重力方向的导数，便得到重力异常。以地面上某一点 O 作为坐标原点，Z 轴铅垂向下，即沿重力方向，X 轴、Y 轴在水平面内，如图 4.1 所示。

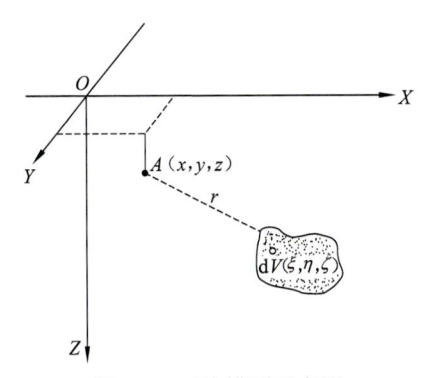

图 4.1　正演模型示意图

若地质体与围岩的密度差（即剩余密度）为 σ，地质体内某一体积元 $\mathrm{d}V = \mathrm{d}\xi\mathrm{d}\eta\mathrm{d}\zeta$，其坐标为 (ξ,η,ζ)，它的剩余质量为 $\mathrm{d}m$，则

$$\mathrm{d}m = \sigma\mathrm{d}V = \sigma\mathrm{d}\xi\mathrm{d}\eta\mathrm{d}\zeta \tag{4.1}$$

令计算点 A 的坐标为 (x,y,z)，剩余质量元到 A 点的距离为

$$r = [(\xi-x)^2 + (\eta-y)^2 + (\zeta-z)^2]^{1/2} \tag{4.2}$$

则地质体的剩余质量对 A 点的单位质量所产生的引力位为

$$V(x,y,z) = G\iiint_V \frac{\sigma\mathrm{d}\xi\mathrm{d}\eta\mathrm{d}\zeta}{[(\xi-x)^2 + (\eta-y)^2 + (\zeta-z)^2]^{1/2}} \tag{4.3}$$

式中：V 为地质体的体积。

因为选择的 Z 轴方向就是重力的方向，所以重力异常就是剩余质量的引力位沿 Z 轴

方向的导数，即

$$\Delta g = \frac{\partial V}{\partial z} = V_z = G \iiint_V \frac{\sigma(\zeta-z)\mathrm{d}\xi\mathrm{d}\eta\mathrm{d}\zeta}{[(\xi-x)^2+(\eta-y)^2+(\zeta-z)^2]^{3/2}} \quad (4.4)$$

如果地质体的形状和埋藏深度沿某个水平方向均无变化，且沿该方向是无限延伸的，这样的地质体称为二度地质体。如将式（4.4）中的 Y 轴方向选作为二度地质体的延伸方向 η 的积分限由 $-\infty \sim +\infty$，并令 $y=0$，就可得到在沿 X 轴方向剖面上计算二度体重力异常的基本公式。当剩余密度均匀时，则可提到积分符号之外，即有

$$\Delta g(x,z) = 2G\sigma \iint_S \frac{(\zeta-z)}{(\xi-x)^2+(\zeta-z)^2}\mathrm{d}\xi\mathrm{d}\zeta \quad (4.5)$$

式中：S 为二度体的横截面积。

目前采用较为主流的广义三维物性反演方法进行程序设计，因此为了适应反演的需要，将地下半空间划分为直立长方体（图 4.2），同时令每个立方体内的物性参数为恒定的常数。

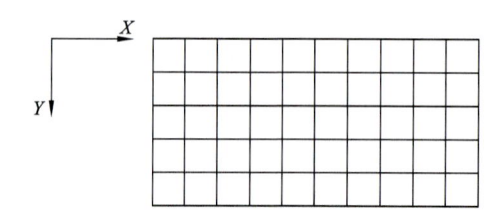

图 4.2　地下半空间剖分示意图

经过进一步推导，式（4.4）在观测点 (x,y,z) 处产生的重力异常写为

$$\Delta g(x,y,z) = G\sigma \int_{\xi_1}^{\xi_2}\mathrm{d}\xi \int_{\eta_1}^{\eta_2}\mathrm{d}\eta \int_{\zeta_1}^{\zeta_2}\frac{(\zeta-z)}{r^3}\mathrm{d}\zeta \quad (4.6)$$

Hazz（1953）给出了该积分公式的离散化积分解，具体形式如下：

$$\Delta g(x,y,z) = G\sigma \left[\xi\ln(\eta+r)+\eta\ln(\xi+r)+\zeta\arctan\left(\frac{\zeta r}{\xi\eta}\right)\right]\Big|_{\xi_1}^{\xi_2}\Big|_{\eta_1}^{\eta_2}\Big|_{\zeta_1}^{\zeta_2} \quad (4.7)$$

由式（4.7）可明显看出，G 为万有引力常量，等式右端积分项取决于长方体和观测点之间相对的几何位置，其中当剖分长方体的大小位置及观测点位置固定时，右端项中

的 $\sigma\left[\xi\ln(\eta+r)+\eta\ln(\xi+r)+\zeta\arctan\left(\frac{\zeta r}{\xi\eta}\right)\right]\Big|_{\xi_1}^{\xi_2}\Big|_{\eta_1}^{\eta_2}\Big|_{\zeta_1}^{\zeta_2}$ 块可以预先算出来，此时重力异常 Δg 与

每个长方体的剩余密度 σ 呈线性关系。

考虑二维情况，当地下半空间以图 4.2 所示的方式进行剖分后，令 X 轴和 Y 轴方向网格点的个数分别为 N_X 和 N_Y，则模型总个数为 $M=N_X\times N_Y$。在观测面上布设了 N 个观测点，此时第 j 个长方体在第 i 个观测点所产生的重力异常可以表示为

$$\Delta g = G_{ij}\sigma_j \quad (4.8)$$

式中：G_{ij} 为根据第 j 个长方体在第 i 个观测点的相对位置所确定的已知量；σ_j 为第 j 个长方体的剩余密度。

根据位场数据之间所存在的叠加原理，则有第 i 个观测点的总重力异常是地下所有模型块体在这一点处所产生重力异常的叠加，表示为

$$\Delta g_i = \sum_{j=1}^{M} \Delta g_{ij} = \sum_{j=1}^{M} G_{ij}\sigma_j \tag{4.9}$$

式（4.9）也可以表示成相应的矩阵形式：

$$\begin{bmatrix} \Delta g_1 \\ \Delta g_2 \\ \vdots \\ \Delta g_N \end{bmatrix} = \begin{bmatrix} G_{11} & G_{12} & \cdots & G_{1M} \\ G_{21} & G_{22} & \cdots & G_{2M} \\ \vdots & \vdots & & \vdots \\ G_{N1} & G_{N2} & \cdots & G_{NM} \end{bmatrix} \cdot \begin{bmatrix} \sigma_1 \\ \sigma_2 \\ \vdots \\ \sigma_M \end{bmatrix} \tag{4.10}$$

简写为

$$\Delta \boldsymbol{g} = \boldsymbol{G}\boldsymbol{\sigma} \tag{4.11}$$

式中：$\Delta \boldsymbol{g}$ 为观测数据的 N 维向量；$\boldsymbol{\sigma}$ 为 M 个模型参数向量，在重力方法中表示 M 个长方体剩余密度；$\boldsymbol{G}$ 为 $N \times M$ 维矩阵，由模型和观测点的相对几何位置关系决定。

图 4.3 为三维情况下用矩形体进行网格剖分的示意图，假设 X 轴、Y 轴和 Z 轴方向网格剖分点数分别为 N_X、N_Y 和 N_Z，同时令观测面在水平方向和模型剖分空间水平切面相对应，则此时观测数据向量 $\Delta \boldsymbol{g}$ 的维数为 $N_X \times N_Y$，模型单元的个数为 $N_X \times N_Y \times N_Z$，观测数据与剩余密度向量之间也可以式（4.11）的形式表示。

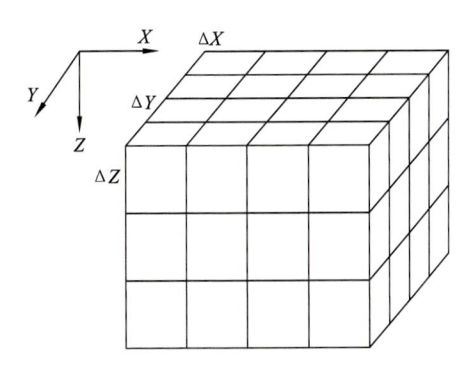

图 4.3 三维情况下矩形体网格剖分示意图

4.2 重力异常反演理论

根据地面观测场异常，可将地下空间划分为一系列的二维矩形或者三维立方体单元。假设划分单元个数为 N，且每个单元的物性分布是均匀的，一共有 M 个观测点。则第 j 个剖分单元在第 i 个观测点的重力异常为

$$d_{ij} = G_{ij}\sigma_j \tag{4.12}$$

式中：σ_j 为第 j 个剖分单元的物性；G_{ij} 为单位大小的密度所产生的重力异常。

根据位场叠加原理，任意一个观测点的观测场异常是所有网格单元在该点产生异常的总和，即

$$d_i = \sum_{j=1}^{N} d_{ij} = \sum_{j=1}^{n} G_{ij} \kappa_j \tag{4.13}$$

写成矩阵形式为

$$\begin{bmatrix} d_1 \\ d_2 \\ \vdots \\ d_M \end{bmatrix} = \begin{bmatrix} G_{11} & G_{12} & \cdots & G_{1N} \\ G_{21} & G_{22} & \cdots & G_{2N} \\ \vdots & \vdots & & \vdots \\ G_{M1} & G_{M2} & \cdots & G_{MN} \end{bmatrix} \begin{bmatrix} \kappa_1 \\ \kappa_2 \\ \vdots \\ \kappa_N \end{bmatrix} \tag{4.14}$$

即

$$\boldsymbol{d} = \boldsymbol{G}\boldsymbol{\kappa} \tag{4.15}$$

式中：$\boldsymbol{d}$ 为 $M×1$ 维向量，表示 M 个观测点上的异常；$\boldsymbol{\kappa}$ 为 $N×1$ 维向量，表示 N 个剖分单元的密度；$\boldsymbol{G}$ 为 $M×N$ 维矩阵，称为核函数矩阵。

以上正演问题最终可以归结为线性方程组：

$$\boldsymbol{d} = \boldsymbol{G}\boldsymbol{m} \tag{4.16}$$

从线性方程组[式（4.16）]中，根据已知参数求取未知的模型参数 $m_1, m_2, \cdots, m_n$ 即为最基本的重力数据反演方程。而反演过程为式（4.16）的反过程，即

$$\boldsymbol{m} = \boldsymbol{G}^{-1}\boldsymbol{d} \tag{4.17}$$

当观测数据数量超过待求的模型参数个数时，式（4.16）为超定方程组。反之，当观测数据的个数少于模型参数时，式（4.16）为欠定方程组。受制于计算机精度及不可避免的误差的影响，式（4.16）方程组不可能得到完全满足精度的解，因此只能在一定误差允许的范围内进行求解。一般的做法是满足观测数据与预测数据的残差低于一定的上限。观测数据 $\boldsymbol{d}$ 和预测数据 $\boldsymbol{d}^p$ 之间的残差为

$$\boldsymbol{r} = \boldsymbol{d}^p - \boldsymbol{d} = \boldsymbol{G}\boldsymbol{m} - \boldsymbol{d} \tag{4.18}$$

式中：$\boldsymbol{r} = [r_1, r_2, \cdots, r_m]^\mathrm{T}$。

观测数据与预测数据之间的拟合差一般衡量于欧几里得数据空间，可以通过拟合差的平方和来计算：

$$\varphi = \|\boldsymbol{r}\|^2 = \sum_{i=1}^{m} r_i^2 = \min f(x) \tag{4.19}$$

式中：函数 f 称为拟合函数，函数的极小化过程即为求解矩阵方程（4.14）的过程。

式（4.19）可以写为如下矩阵形式：

$$\varphi = (\boldsymbol{Gm} - \boldsymbol{d})(\boldsymbol{Gm} - \boldsymbol{d})^\mathrm{T} = \min f(x) \tag{4.20}$$

对式（4.20）求解关于模型参数的偏导数并令其等于 0，得

$$\boldsymbol{G}^\mathrm{T}\boldsymbol{Gm} = \boldsymbol{G}^\mathrm{T}\boldsymbol{d} \tag{4.21}$$

通过对式（4.21）的直接拟合求解即可求得反演问题的解。其中，$\boldsymbol{G}^\mathrm{T}\boldsymbol{G}$ 称为系数矩阵，除具有对称正定的性质外，系数矩阵对角线的元素比其他非对角元素的值要大很多，因此可以近似地看成一个对角阵。影响系数矩阵条件数的是这些对角线元素的值。系数

矩阵条件数巨大，重力异常随着场源与观测点距离的增大而急剧衰减，其对角线元素也急剧衰减，使式（4.21）呈病态，反演的结果也表现为明显的"趋肤效应"，因此必须引入用一个对角线元素随深度增加的矩阵来抵消核函数引起的衰减（Commer，2011；Li and Oldenburg，1998）。由于直接求取 $(\boldsymbol{G}^\mathrm{T}\boldsymbol{G})^{-1}$ 耗时较长比较困难，本小节在重磁数据的反演中引入深度加权经验公式（Li and Oldenburg，1996）：

$$w(z) = \frac{1}{(z+z_0)^{\beta/2}} \quad (4.22)$$

式中：z 为网格单元中心点的埋深；z_0 和 β 为常数，β 一般情况下等于 3，z_0 取决于块体单元的尺寸和观测面的高度。

给定了网格单元的剖分方式和观测高度之后，通过调整 β 和 z_0 的数值，加入该函数就可以近似抵消核函数带来的衰减，使反演的构造合理地分布在相应的深度上。

引入深度加权矩阵 $\boldsymbol{W}_d$ 后的目标函数为

$$\varphi = \|\boldsymbol{W}_d\boldsymbol{Gm} - \boldsymbol{W}_d\boldsymbol{d}\|_2^2 = (\boldsymbol{W}_d\boldsymbol{Gm} - \boldsymbol{W}_d\boldsymbol{d})^\mathrm{T}(\boldsymbol{W}_d\boldsymbol{Gm} - \boldsymbol{W}_d\boldsymbol{d}) \quad (4.23)$$

对式（4.23）求关于 m 的偏导数并令其等于 0，得

$$\boldsymbol{G}^\mathrm{T}\boldsymbol{W}_d^\mathrm{T}\boldsymbol{W}_d\boldsymbol{Gm} = \boldsymbol{G}^\mathrm{T}\boldsymbol{W}_d^\mathrm{T}\boldsymbol{W}_d\boldsymbol{d} \quad (4.24)$$

通过对式（4.24）的直接拟合求解即可求得反演问题的解。在实际问题中，观测数据远远小于模型空间数，求解过程是极不稳定的，对数据中存在的微小变化异常敏感也会导致得到的反演结果不可靠。为了克服以上问题，在重力数据反演中常见的做法是进行算法的正则化。所谓的正则化就是利用一组与原来的不适定问题相"邻近"的适定问题的解去逼近原来不适定问题的解。本小节利用通用的 Tikhonov 正则化方法来解决。此时相应的参数方程组可表示为

$$\phi = \phi(\boldsymbol{d}) + \lambda\phi(\boldsymbol{m}) \quad (4.25)$$

式中：$\phi(\boldsymbol{m})$ 为模型约束项；λ 为正则化因子；$\phi(\boldsymbol{d})$ 为数据约束项，是观测数据与预测数据之间的拟合差，通常用 $L2$ 范数确定，即

$$\phi(\boldsymbol{d}) = \|\boldsymbol{W}_d\boldsymbol{Gm} - \boldsymbol{W}_d\boldsymbol{d}\|_2^2 = (\boldsymbol{W}_d\boldsymbol{Gm} - \boldsymbol{W}_d\boldsymbol{d})^\mathrm{T}(\boldsymbol{W}_d\boldsymbol{Gm} - \boldsymbol{W}_d\boldsymbol{d}) \quad (4.26)$$

式中：$\boldsymbol{W}_d$ 为数据空间的加权矩阵，$\boldsymbol{W}_d = \mathrm{diag}\{1/\sigma_1, 1/\sigma_2, \cdots, 1/\sigma_M\}$，其中 σ_i 为第 i 个观测数据的标准差。

这种构造形式意味着采样误差越大、可信度越小的数据在反演中所占权重越小。在无法获得观测误差信息时，通常将 $\boldsymbol{W}_d$ 设为单位矩阵。

$\phi(\boldsymbol{m})$ 根据实际问题的不同，约束方式有最小模型（minimum model，MM）约束、光滑约束、深度约束、边界约束、全变差模型约束等方式。以最小模型约束为例，最小模型约束是最简单的一种模型约束方式，其意义在于所求模型与先验模型或参考模型的长度差最小，即将解的二范数最小作为约束条件，其目标函数为

$$\phi(\boldsymbol{m}) = \|\boldsymbol{W}_m\boldsymbol{m} - \boldsymbol{W}_m\boldsymbol{m}_0\|_2^2 = (\boldsymbol{W}_m\boldsymbol{m} - \boldsymbol{W}_m\boldsymbol{m}_0)^\mathrm{T}(\boldsymbol{W}_m\boldsymbol{m} - \boldsymbol{W}_m\boldsymbol{m}_0) \quad (4.27)$$

式中：$\boldsymbol{m}_0$ 为先验模型或参考模型；$\boldsymbol{W}_m$ 为模型空间的加权矩阵，其在最小模型约束中表现为单位矩阵。

此外可以通过改变加权矩阵 $\boldsymbol{W}_m$ 的形式来实现不同形式的加权，同时，不同形式的

约束条件也可以通过加权矩阵添加到反演求解的过程中。

λ用于控制$\phi(d)$和$\phi(m)$两项在反演中所占比重和加快收敛速度。为了使反演结果稳定，λ的确立除了选取一个适合的经验常数，也发展出一些自适应方法。

L 曲线法（Hansen 和 O'leary，1993）是用模型项作为横坐标，数据项作为纵坐标，绘制一条不同正则化因子的泛函曲线，看上去像字母"L"。曲线拐弯处即曲率最大的地方，对应的λ为最佳正则化因子。但是该方法计算量太大，不适合高维使用。

因子递减法（Avdeev，2009；吴小平和徐果明，1998）是从初始的λ出发，每一次迭代与一个衰减因子相乘形成一个新的正则化因子，但这样适应性不强。自适应正则化反演算法（adaptive regularized inversion algorithm，ARIA）包括模型期望（model desired，MD）和组合模型期望（combined model desired，CMD）两个方案，是以每一次迭代的数据目标函数的值与模型目标函数的值的商来作为下一次迭代的正则化因子（陈小斌 等，2005）。

Zhdanov 自适应算法（Zhdanov，2002）又称阶梯函数法。它是以数据项与模型项的比值作为正则化因子的初值，定义相邻两次迭代的数据拟合相对变化量为

$$\Delta\phi = (\|W_d(d - F(m^{(i)}))\|^2 - \|W_d(d - F(m^{(i+1)}))\|^2)/\|W_d(d - F(m^{(i)}))\|^2 \quad (4.28)$$

当$\Delta\phi$达到一定要求时，按照一定的衰减因子去调整正则化因子，定义衰减因子的区间为[0.5, 0.9]，但是并没有给出明确的衰减机制。

全变差（total variation，TV）为函数数值变化的总和，也称总变分。它是采用 $L1$ 范数约束，该方法的优势在于不会惩罚不连续的变化。一般情况下，异常体边界上都是非连续的尖锐变化，因此 TV 正则化非常适用于识别异常体边界，用公式表示为

$$\varphi_{\mathrm{TV}} = \|\nabla(m - m_r)\|_{L1} \quad (4.29)$$

同样，m_r表示先验模型或参考模型，由于式（4.29）的导数$\|\nabla(m - m_r)\| = 0$时是不存在的，为了克服这种不可微性，需要引入一个光滑参数β，式（4.29）的右边变为$\|\nabla(m - m_r)\|_{L1}^2 + \beta^2$，二维的积分形式可以表示为

$$\varphi_{\mathrm{TV}} = \int_S \sqrt{[\nabla(m - m_r)]^2 + \beta^2}\,\mathrm{d}s \quad (4.30)$$

将其离散成具体网格剖分的形式，展开为

$$\varphi_{\mathrm{TV}} = \sum_{i=1}^{N}\sqrt{[\nabla(m^{(i)} - m_r^{(i)})]^2 + \beta^2} \quad (4.31)$$

需要注意的是，β的引入会使计算更加困难，β选取过小，计算格式不稳定；β选取过大，反演结果将过于光滑。参考图像处理中关于β的选取方法，β可取$10^{-8} \sim 10^{-6}$。因此将物性离散化后，TV 约束就可以写成

$$\|\nabla(m - m_r)\|_{L1} = \sum |W(m - m_r)| \quad (4.32)$$

式中：W为约束矩阵。

离散的散度算子$\nabla \cdot$和离散的梯度算子∇有如下关系：

$$\nabla \cdot = -\nabla^{\mathrm{T}} \quad (4.33)$$

则

$$\varphi'_{\mathrm{TV}} = W^{\mathrm{T}} E^{-1} W(m - m_r) \quad (4.34)$$

式中：$E = \mathrm{diag}(\eta_k)$；$\eta_k = \sqrt{|W_k(m - m_r)|^2 + \beta}$。

综上所述，本小节正则化反演的目标函数为

$$\phi = (W_d Gm - W_d d)^T (W_d Gm - W_d d) + \lambda (W_m m - W_m m_0)^T (W_m m - W_m m_0) \quad (4.35)$$

对式（4.35）求关于 m 的偏导数并令其等于0，得

$$(G^T W_d^T W_d G + \lambda W_m^T W_m) m = G^T W_d^T W_d d + \lambda W_m^T W_m m_0 \quad (4.36)$$

通常，反演问题的最优化求解是通过最小化目标函数 ϕ 来进行的。常用的最优化反演有最小二乘法、马夸特算法、共轭梯度法等。

在地球物理反演中，求解式（4.36）中最小二乘问题的常用最优化方法主要可分为两类。第一类为梯度下降类方法，如梯度下降法、预处理共轭梯度法和非线性共轭梯度法等，该类方法的主要思想是令目标函数沿着与梯度相反的方向下降；第二类为牛顿类方法，如拟牛顿法、高斯牛顿法和截断牛顿法等，这类方法则主要基于泰勒级数展开寻找最小值点。梯度求取或泰勒级数展开均在某个邻域中进行，单次运算只能反映目标函数的局部性质，因此，上述两类方法通常无法一步直接得到最优结果，而需要以迭代的方式逐渐向其逼近。

共轭梯度法是介于最速下降法和牛顿法之间的一种优化方法，它具有超线性收敛速度，其基本思想是以梯度法为基础，利用共轭性质构造一系列方向，也即以初始点处的梯度方向为第一次迭代搜索方向，此后每次迭代都沿着梯度方向的共轭方向进行搜索，最终求得极小值。

最速下降法是梯度法一种最基本的优化方法。因为沿函数的负梯度方向函数值下降最快，所以梯度法是将目标函数负梯度方向作为模型更新方向，然后选择合适的步长进行迭代。具体步骤如下：①选择初始模型，并设定最大迭代次数与最小拟合差；②计算模型更新方向，即目标函数负梯度，$p^k = -\nabla \phi(m^k)$；③设定初始步长并开始进行一维搜索，寻找当前迭代的相对最佳步长 α，然后计算新模型 $m^{k+1} = m^k + \alpha p^k$；④计算当前模型下的拟合差，若小于预设最小拟合差或是迭代次数大于预设最大迭代次数，则停止迭代，当前 m^k 即为最终模型；否则，则回到②继续迭代。该方法在远离极值点时函数下降很快；当搜索到极值点附近时，收敛过程可能会变得十分缓慢，会在极值点周围出现振荡，呈现"之"字形，总体沿锯齿方向行进。

共轭梯度法主要流程与上述相似，差别在于搜索方向。它是将当前点的梯度方向与前一次的搜索方向构造成的新共轭方向作为搜索方向。假设目标函数的梯度和海森矩阵分别为 g 和 G，则初始方向为初始点 x_0 处的负梯度方向 d_0，接着用目标函数在 x_1 处的负梯度方向 $-g_1$ 与 d_0 组合来生成 d_1：

$$d_1 = -g_1 + \beta_0 d_0 \quad (4.37)$$

使 d_1 与 d_0 关于 G 共轭，得到

$$\beta_0 = \frac{g_1^T G d_0}{d_0^T G d_0} \quad (4.38)$$

由此可得到第 k 步的搜索方向为

$$d_k = -g_k + \beta_{k-1} d_{k-1} \quad (4.39)$$

式中

$$\beta_{k-1} = \frac{g_k^T G d_{k-1}}{d_{k-1}^T G d_{k-1}} \tag{4.40}$$

这样便确定了一组共轭方向，沿着这组方向进行迭代。由于大地电磁（magnetotelluric，MT）反演时目标函数是高于二次的非线性方程，基于对 G 的不同近似方式，发展了非线性共轭梯度法，对共轭方向的构造进行了改造，即对 β 的构造不同。最流行的应该算是 Rodi 和 Mackie（2001）所实现的非线性共轭梯度算法，利用的是 PRP（Ploak-Ribiere-Polyar）公式，即

$$\beta_k = \frac{g_k^T(g_k - g_{k-1})}{g_{k-1}^T g_{k-1}} \tag{4.41}$$

共轭梯度法作为一种非线性反演算法被广泛应用于求解地球物理中的非线性问题。而在实际操作中，为了使搜索方向更靠近牛顿方向，在梯度前还增加了一个预条件因子。由于该方法只用到了目标函数及其梯度值，避免了计算整个灵敏度矩阵，也不用求解海森矩阵，从而降低了计算量和存储量。

预优共轭梯度法在重力异常数据的反演中应用广泛。Pilkington（1997）用基于向量运算的共轭梯度法求解矩阵方程，且引入预优因子，加快了迭代收敛的速度。Li 和 Oldenburg（2003）通过对核矩阵进行小波压缩，减小了核矩阵的存储，同时也提高了计算速度。刘天佑（2007）考虑单元网格的重复计算，减少积分项的计算次数从而提高计算速度。Liu 等（2014）改进了预优因子，将引入的预优因子直接作用在数据函数上，不仅降低了反演核矩阵的条件数，加快了反演速度，还对反演进行深度约束，改善磁异常反演结果，提高了反演的物性成像的纵向分辨率。

重力异常数据的反演，归根结底就是利用数学手段求解反演方程。4.2 节中的式（4.24）可以简化为

$$Ax = b \tag{4.42}$$

其系数矩阵是正定对称的。共轭梯度法是一种十分有效的求解这类大型线性方程组的方法，被广泛应用于地球物理反演求解中。然而式（4.24）的系数矩阵的条件数很大，严重影响迭代收敛的计算效率。为了提高收敛速度，Pilkington（1997）和 Liu 等（2013）利用预处理矩阵改进了矩阵方程的条件数和共轭梯度法的收敛速度。在方程的两端同时乘以一个预优因子 P，于是式（4.42）变为

$$PAx = Pb \tag{4.43}$$

式中：P 为预处理对角矩阵，用于减少式（4.43）的条件数，提高收敛速度。

理论上，$P = (J^T J)^{-1}$ 和 $PJ^T J = E$（E 是单位矩阵）。预处理矩阵 P 对提高反演质量起着至关重要的作用，预处理条件由式（4.44）给出：

$$P = \frac{1}{C \Delta H^{-2\beta}} E \tag{4.44}$$

式中：C 为一个常数，用以调节预优因子的值，C 不会影响收敛的速度，在实际应用中，设 $C=1$；ΔH 为观测点到模型单元的距离；β 为一个与磁异常的衰减速度有的常数。

Liu 等（2013）指出，二维反演的合适值范围为 $1.5 \leqslant \beta \leqslant 2.0$，而三维反演是 $\beta \leqslant 3.0$。

用预优共轭梯度法反演，首先给定初始模型 m_0，然后计算模型参数的修正量 Δm，通过用预优共轭梯度法求解方程[式（4.43）]，具体流程如下。

（1）设置初值 x_0 和终止条件 ε_{PCG}；计算：$r_0 = b - Ax_0$，设置：$z_0 = Pr_0$，$p_0 = z_0$。

（2）第 j $(j \geq 0)$ 次迭代时，$t_j = (r_j^T z)/(p_j^T A p_j)$，$x_{j+1} = x_j + t_j p_j$，$r_{j+1} = r_j - t_j A p_j$，$\varepsilon = \| p_j \|$。

（3）判断收敛条件，若 $\varepsilon < \varepsilon_{\text{PCG}}$ 终止运算，x_{j+1} 为最终结果，否则继续运算 $\beta_j = (r_{j+1}^T z_{j+1})/(r_j^T z_j)$，$p_{j+1} = z_{j+1} + \beta_j p_j$；并返回第（2）步执行。

通过这样的步骤得到模型参数 m 的修正量 Δm，再按照 3.1.2 小节所述的迭代方法得到满足反演条件的最优解 m。该方法中目标函数不包含参考模型，因为模型和实例中场源的形状和结构简单，并且提供很少的先验信息来设置参考模型。此外，恢复的无粗糙度约束的物理性质分布已经是平滑的，所以不需要使用粗糙度正则化来反演结果更加平滑。式（4.44）的预处理因子在恢复磁化强度分布中起着两个作用。一方面，它减少了式（4.42）中系数矩阵的条件数，并通过改变共轭梯度算法的搜索方向来提高收敛速度；另一方面，式（4.44）形式的预处理实现了对式（4.24）的系数矩阵的加权，从而起到与正则化反演相似的深度加权函数的作用，该正则化反演防止物理性质分布集中在观察表面附近。不同之处在于预处理矩阵的深度权重是系数矩阵 J^T 的预乘，而系数矩阵 $J^T J$ 直接影响恢复模型参数 m。因此，反演结果是一个加权的、最拟合的模型。

4.3 基于交叉梯度重力数据联合反演

基于交叉梯度联合反演的流程如图 4.4 所示。该算法采用交叉梯度函数进行模型参数的耦合，在迭代反演的过程中交替更新密度和磁化率的数值。该算法的核心思想是在每次迭代过程中，密度模型的更新不仅要使目标函数的数据拟合和正则化项最小，同时要兼顾上次迭代生成的磁化率反演模型，使与其的交叉梯度项最小。此外，在进行磁化率模型迭代的过程中也需兼顾密度模型的结果。这样迭代下去，一直到满足期望的拟合差为止，最终得到不同密度模型和磁化率模型即为联合反演的结果。

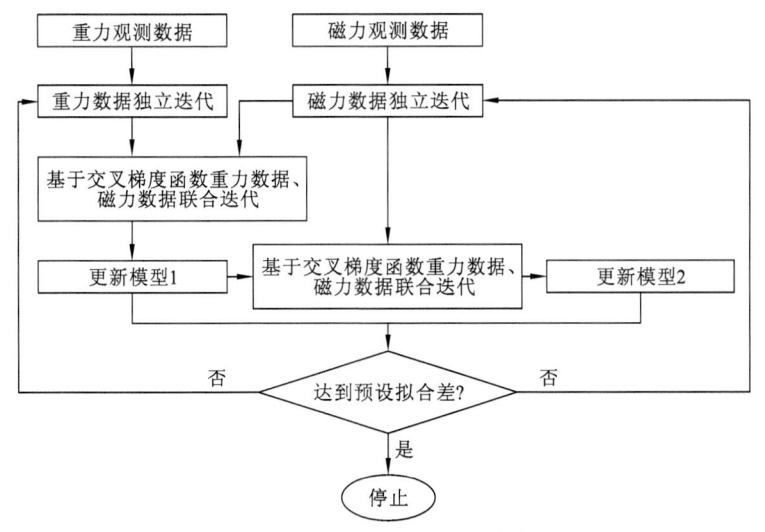

图 4.4 基于交叉梯度联合反演流程图

4.3.1 交叉梯度法理论原理

交叉梯度函数由 Gallardo 和 Meju（2003）首次提出，后续被广泛应用于地震数据和大地电磁数据、地震与直流电法数据的联合反演。国内基于此的研究也逐步展开。二维和三维的交叉梯度函数分别定义为

$$t(x,y) = \nabla m_1(x,y) \times \nabla m_2(x,y) \tag{4.45}$$

$$t(x,y,z) = \nabla m_1(x,y,z) \times \nabla m_2(x,y,z) \tag{4.46}$$

式中：m_1 和 m_2 分别为参与计算的不同参数，在联合反演中就是代表参与反演的不同物性参数；∇ 为求取梯度运算符。

定义式是关于物性参数分布的非线性方程，相关的理论研究表明其在定义域内不存在不连续点和奇异点。以三维情况为例，t 在三个方向上可分别进行展开，有

$$\begin{aligned} t_x &= \frac{\partial m_1}{\partial y} \cdot \frac{\partial m_2}{\partial z} - \frac{\partial m_1}{\partial z} \cdot \frac{\partial m_2}{\partial y} \\ t_y &= \frac{\partial m_1}{\partial z} \cdot \frac{\partial m_2}{\partial x} - \frac{\partial m_1}{\partial x} \cdot \frac{\partial m_2}{\partial z} \\ t_z &= \frac{\partial m_1}{\partial x} \cdot \frac{\partial m_2}{\partial y} - \frac{\partial m_1}{\partial y} \cdot \frac{\partial m_2}{\partial x} \end{aligned} \tag{4.47}$$

在二维情况下，t_x、t_y 和 t_z 中的两个为零。交叉梯度函数的定义式是连续的，而实际的反演是针对离散化数据而进行的处理，有必要对函数进行离散化处理。

常用的离散化方式有多种，Gallardo 和 Meju（2003）采取前向差分方法进行离散化，本小节参照王俊等（2013）采用的中心差分形式进行离散化。反演计算初次迭代之后，得到每个块体的特定物性参数，此时的交叉梯度需在每个平面内进行计算。对应每一层的物性参数分布，此时进行的是二维形式的计算。

以 xoy 平面切面为例，示意图如图 4.5 所示，将定义式按中心差分的形式进行展开，有

$$\begin{aligned} t_{ij} = &\frac{m_1(i+1,j) - m_1(i-1,j)}{\Delta z_i + \dfrac{\Delta z_{i+1} + \Delta z_{i-1}}{2}} \times \frac{m_2(i,j+1) - m_2(i,j-1)}{\Delta x_j + \dfrac{\Delta x_{j+1} + \Delta x_{j-1}}{2}} \\ &- \frac{m_1(i,j+1) - m_1(i,j-1)}{\Delta x_j + \dfrac{\Delta x_{j+1} + \Delta x_{j-1}}{2}} \times \frac{m_2(i+1,j) - m_2(i-1,j)}{\Delta z_i + \dfrac{\Delta z_{i+1} + \Delta z_{i-1}}{2}} \end{aligned} \tag{4.48}$$

$(i = 1, 2, \cdots, nz - 1; \quad j = 1, 2, \cdots, nx - 1)$

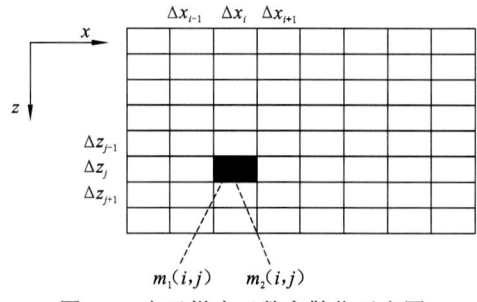

图 4.5 交叉梯度函数离散化示意图

当模型均匀剖分时，$\nabla x = \nabla y = \nabla z$，令 $\nabla x = \nabla y = \nabla z = d$，则式（4.48）可简化为

$$t_{ij} = \frac{m_1(i+1,j) - m_1(i-1,j)}{2d} \times \frac{m_2(i,j+1) - m_2(i,j-1)}{2d}$$
$$- \frac{m_1(i,j+1) - m_1(i,j-1)}{2d} \times \frac{m_2(i+1,j) - m_2(i-1,j)}{2d} \quad (4.49)$$
$$(i = 1,2,\cdots,nz-1; \quad j = 1,2,\cdots,nx-1)$$

对应于地下三维剖分空间，式（4.47）可分别给出如下离散形式：

$$\begin{aligned}
t_x &= \frac{m_1(i,j+1,k) - m_1(i,j-1,k)}{2\Delta y} \times \frac{m_2(i,j,k+1) - m_2(i,j,k-1)}{2\Delta z} \\
&\quad - \frac{m_1(i,j,k+1) - m_1(i,j,k-1)}{2\Delta z} \times \frac{m_2(i,j+1,k) - m_2(i,j-1,k)}{2\Delta y} \\
t_y &= \frac{m_1(i,j,k+1) - m_1(i,j,k-1)}{2\Delta z} \times \frac{m_2(i+1,j,k) - m_2(i-1,j,k)}{2\Delta x} \\
&\quad - \frac{m_1(i+1,j,k) - m_1(i-1,j,k)}{2\Delta x} \times \frac{m_2(i,j,k+1) - m_2(i,j,k-1)}{2\Delta z} \\
t_z &= \frac{m_1(i+1,j,k) - m_1(i-1,j,k)}{2\Delta x} \times \frac{m_2(i,j+1,k) - m_2(i,j-1,k)}{2\Delta y} \\
&\quad - \frac{m_1(i,j+1,k) - m_1(i,j-1,k)}{2\Delta y} \times \frac{m_2(i+1,j,k) - m_2(i-1,j,k)}{2\Delta x}
\end{aligned} \quad (4.50)$$

4.3.2 基于交叉梯度函数联合反演方程

基于交叉梯度函数的重力数据和磁法数据的联合反演，根据图 4.4 所示的流程图给出如下包含交叉梯度项的联合反演目标函数：

$$\phi = \alpha\phi_g + \beta\phi_m + \mu\phi_{\text{cross}} \quad (4.51)$$

式中：

$$\phi_g = (G_g m_g - d_g^{\text{obs}})^{\text{T}} C_d^{-1}(G_g m_g - d_g^{\text{obs}}) + \lambda_g (m_g - m_g^{\text{ref}})^{\text{T}} C_g^{-1}(m_g - m_g^{\text{ref}}) \quad (4.52)$$

$$\phi_g = (G_m m_m - d_m^{\text{obs}})^{\text{T}} C_d^{-1}(G_m m_m - d_m^{\text{obs}}) + \lambda_m (m_m - m_m^{\text{ref}})^{\text{T}} C_m^{-1}(m_m - m_m^{\text{ref}}) \quad (4.53)$$

$$\phi_{\text{cross}} = t(g,m)^{\text{T}} \cdot t(g,m) \quad (4.54)$$

式中：下标 g 为重力数据；下标 m 为磁法数据；ϕ_g 为重力数据的反演目标函数；ϕ_m 为磁法数据的反演目标函数；ϕ_{cross} 为交叉梯度项；α 和 β 为重力数据和磁法数据目标函数拟合项的加权因子；λ_g 为重力数据反演中正则化参数；λ_m 为磁法反演中正则化参数；d_m^{obs} 和 d_g^{obs} 为各自的观测数据；m_g^{ref} 和 m_m^{ref} 为各自的参考模型。

式（4.54）中交叉梯度项为连续的，需进行离散化处理，一般采取的方法是进行泰勒展开：

$$t(m^g, m^m) = t_i(m_0^g, m_0^m) + \sum_{k=1}^{n} \left\{ \frac{\partial t_i(m^g, m^m)}{\partial m_k^g} \bigg|_{\substack{m^g = m_0^g \\ m^m = m_0^m}} \cdot (m^g - m_0^g) \right\}$$
$$+ \sum_{k=1}^{n} \left\{ \frac{\partial t_i(m^g, m^m)}{\partial m^m} \bigg|_{\substack{m^g = m_0^g \\ m^m = m_0^m}} \cdot (m^m - m_0^m) \right\} \quad (i = 1, 2, \cdots, n) \tag{4.55}$$

式（4.55）的矩阵形式为

$$t(m^g, m^m) = t_i(m_0^g, m_0^m) + \begin{bmatrix} B_g & B_m \end{bmatrix} \begin{bmatrix} m^g - m_0^g \\ m^m - m_0^m \end{bmatrix} \tag{4.56}$$

（4.56）中的矩阵 **B** 可表示为

$$B_{ij}^g = \frac{\partial t_i(m^g, m^m)}{\partial m_j^g} \tag{4.57}$$

$$B_{ij}^m = \frac{\partial t_i(m^g, m^m)}{\partial m_j^m} \tag{4.58}$$

根据式（4.48）式可求的 B_{ij}^g，表示为

$$\frac{\partial t_{ij}}{\partial m_g(i-1, j)} = \frac{1}{\Delta z_i + \frac{\Delta z_{i+1} + \Delta z_{i-1}}{2}} \times \frac{m_m(i, j+1) - m_m(i, j-1)}{\Delta x_j + \frac{\Delta x_{j+1} + \Delta x_{j-1}}{2}} \tag{4.59}$$

$$\frac{\partial t_{ij}}{\partial m_g(i+1, j)} = \frac{-1}{\Delta z_i + \frac{\Delta z_{i+1} + \Delta z_{i-1}}{2}} \times \frac{m_m(i, j+1) - m_m(i, j-1)}{\Delta x_j + \frac{\Delta x_{j+1} + \Delta x_{j-1}}{2}} \tag{4.60}$$

$$\frac{\partial t_{ij}}{\partial m_g(i, j-1)} = \frac{1}{\Delta x_i + \frac{\Delta x_{i+1} + \Delta x_{i-1}}{2}} \times \frac{m_m(i+1, j) - m_m(i-1, j)}{\Delta z_j + \frac{\Delta z_{j+1} + \Delta z_{j-1}}{2}} \tag{4.61}$$

$$\frac{\partial t_{ij}}{\partial m_g(i, j-1)} = \frac{-1}{\Delta x_i + \frac{\Delta x_{i+1} + \Delta x_{i-1}}{2}} \times \frac{m_m(i+1, j) - m_m(i-1, j)}{\Delta z_j + \frac{\Delta z_{j+1} + \Delta z_{j-1}}{2}} \tag{4.62}$$

同理可以求取 B_{ij}^m，表示为

$$\frac{\partial t_{ij}}{\partial m_m(i-1, j)} = \frac{1}{\Delta z_i + \frac{\Delta z_{i+1} + \Delta z_{i-1}}{2}} \times \frac{m_g(i, j+1) - m_g(i, j-1)}{\Delta x_j + \frac{\Delta x_{j+1} + \Delta x_{j-1}}{2}} \tag{4.63}$$

$$\frac{\partial t_{ij}}{\partial m_m(i+1, j)} = \frac{-1}{\Delta z_i + \frac{\Delta z_{i+1} + \Delta z_{i-1}}{2}} \times \frac{m_g(i, j+1) - m_g(i, j-1)}{\Delta x_j + \frac{\Delta x_{j+1} + \Delta x_{j-1}}{2}} \tag{4.64}$$

$$\frac{\partial t_{ij}}{\partial m_m(i, j-1)} = \frac{1}{\Delta x_i + \frac{\Delta x_{i+1} + \Delta x_{i-1}}{2}} \times \frac{m_g(i+1, j) - m_g(i-1, j)}{\Delta z_j + \frac{\Delta z_{j+1} + \Delta z_{j-1}}{2}} \tag{4.65}$$

$$\frac{\partial t_{ij}}{\partial m_m(i, j-1)} = \frac{-1}{\Delta x_i + \frac{\Delta x_{i+1} + \Delta x_{i-1}}{2}} \times \frac{m_g(i+1, j) - m_g(i-1, j)}{\Delta z_j + \frac{\Delta z_{j+1} + \Delta z_{j-1}}{2}} \tag{4.66}$$

根据式（4.59）～式（4.66）可以构成矩阵 B_{ij}^g 和矩阵 B_{ij}^m。利用联合反演目标函数式（4.51）及反演流程图，可进行相应的迭代过程。

4.4 重力数据约束反演

4.4.1 Tikhonov 正则化反演理论

重力场与物性（密度）是线性关系，用矩阵方程形式表示为

$$\boldsymbol{d} = \boldsymbol{Gm} \tag{4.67}$$

式中：$\boldsymbol{G}$ 为 $M \times N$ 维灵敏度矩阵，其元素 G_{ij} 表示第 j 个单位大小的密度单元在第 i 个观测点所引起的重磁异常，M 为观测数据的个数，N 为网格单元的个数；$\boldsymbol{d}$ 为观测数据向量；$\boldsymbol{m} = (m_1, m_2, \cdots, m_i)$ 为待求解的模型参数向量，m_i 为第 i 个模型单元的密度。

重力场反演目标函数 ϕ 由数据拟合误差和模型约束组成，即

$$\begin{cases} \phi = \phi_d + \lambda \phi_m \\ \phi \to \min \end{cases} \tag{4.68}$$

式中：ϕ_d 为重力异常数据拟合误差；ϕ_m 为模型约束；λ 为正则化因子，用于平衡数据约束和模型约束。

数据约束保证观测数据用于重构，模型约束保证获得的模型是合理的。通常，将观测数据与预测数据的 $L2$ 范数定义为数据约束，矩阵方程的形式表示为

$$\phi_d = (\boldsymbol{d} - \boldsymbol{Gm})^{\mathrm{T}} \boldsymbol{W}_d^{\mathrm{T}} \boldsymbol{W}_d (\boldsymbol{d} - \boldsymbol{Gm}) \tag{4.69}$$

式中：$\boldsymbol{W}_d$ 为数据加权矩阵。

如果观测数据含独立的均值为 0 的高斯噪声，则有

$$\boldsymbol{W}_d = \frac{1}{\sigma} \boldsymbol{I} \tag{4.70}$$

式中：σ 为观测数据的标准差；$\boldsymbol{I}$ 为单位矩阵。

由于地球物理反演问题的多解性，必须对模型进行约束，正则化是最常见的方法。模型目标函数用于约束密度模型在三个方向上的变化率和结构复杂度。模型约束目标函数为（Li and Oldenburg，2000，1996）

$$\begin{aligned} \phi_m = &\alpha_s \int_R w_s [w(r)(m - m_{\mathrm{ref}})]^2 \mathrm{d}v \\ &+ \alpha_x \int_R w_x \left\{ \frac{\partial}{\partial x} [w(r)(m - m_{\mathrm{ref}})] \right\}^2 \mathrm{d}v \\ &+ \alpha_y \int_R w_y \left\{ \frac{\partial}{\partial y} [w(r)(m - m_{\mathrm{ref}})] \right\}^2 \mathrm{d}v \\ &+ \alpha_z \int_R w_z \left\{ \frac{\partial}{\partial z} [w(r)(m - m_{\mathrm{ref}})] \right\}^2 \mathrm{d}v \end{aligned} \tag{4.71}$$

式中：m 为密度模型；m_{ref} 为参考模型；w_s、w_x、w_y、w_z 分别为空间独立的加权函数；α_s、α_x、α_y、α_z 分别为目标函数中不同分类的系数；$w(r)$ 为深度加权函数，记为

$$w(r) = \frac{1}{(r + r_0)^{\beta/2}} \tag{4.72}$$

式中：r 为模型单元到观测点的距离；β 为一个与重力异常衰减速率有关的常数。

为了数值求解，式（4.71）的离散形式用矩阵表示为

$$\phi_m = (m - m_{\text{ref}})^{\text{T}} (W_s^{\text{T}} W_s + W_x^{\text{T}} W_x + W_y^{\text{T}} W_y + W_z^{\text{T}} W_z)(m - m_{\text{ref}}) \tag{4.73}$$

式中：m 为待构建的模型；m_{ref} 为参考模型，通常设为 0；W_s、W_x、W_y 和 W_z 为模型加权矩阵。

记为

$$W_m^{\text{T}} W_m = W_s^{\text{T}} W_s + W_x^{\text{T}} W_x + W_y^{\text{T}} W_y + W_z^{\text{T}} W_z \tag{4.74}$$

则模型约束目标函数式（4.73）可简化为

$$\phi_m = (m - m_{\text{ref}})^{\text{T}} W_m^{\text{T}} W_m (m - m_{\text{ref}}) \tag{4.75}$$

Li 和 Oldenburg（1996）证实，式（4.74）中的每个分量可以表达为三个矩阵和一个系数的组合，即

$$W_i = \alpha_i S_i D_i Z, \quad i = s, x, y, z \tag{4.76}$$

式中：S_i 为加权对角矩阵；D_i 为各个方向的有限差分算子；Z 为深度与加权对角矩阵。

最优化目标函数式（4.68），令 $\partial \phi / \partial m = 0$，得线性方程为

$$(G^{\text{T}} W_d^{\text{T}} W_d G + \lambda W_m^{\text{T}} W_m) m = G^{\text{T}} W_d^{\text{T}} W_d d + \lambda W_m^{\text{T}} W_m m_{\text{ref}} \tag{4.77}$$

令

$$A = \begin{bmatrix} W_d G \\ \sqrt{\lambda} W_m \end{bmatrix}, \quad b = \begin{bmatrix} W_d d \\ \sqrt{\lambda} W_m m_{\text{ref}} \end{bmatrix} \tag{4.78}$$

则式（4.77）简化为

$$A^{\text{T}} A m = A^{\text{T}} b \tag{4.79}$$

式（4.77）和式（4.79）是重力数据正则化反演的基本方程。通过求解方程（3.13）获得物性的分布。在模型约束矩阵中 W_m 通常有三种表达形式显示不同的约束，如果 W_m 是单位阵，即

$$W_m = I \tag{4.80}$$

得到的是最小模型。

如果 W_m 是一个一阶差分矩阵：

$$W_m = \begin{bmatrix} 0 & & & & 0 \\ -1 & 1 & & & \\ & -1 & 1 & & \\ & & \ddots & \ddots & \\ 0 & & & -1 & 1 \end{bmatrix} \tag{4.81}$$

则得到的是最平缓模型。

若 W_m 是二阶差分矩阵：

$$W_m = \begin{bmatrix} 0 & & & & & 0 \\ 0 & 0 & & & & \\ 1 & -2 & 1 & & & \\ & 1 & -2 & 1 & & \\ & & \ddots & \ddots & \ddots & \\ 0 & & & 1 & -2 & 1 \end{bmatrix} \tag{4.82}$$

则获得的是最光滑模型。

4.4.2 先验信息约束反演

1. 等式约束

在线性反演中，先验信息可以表示为矩阵形式：
$$Fm = h \tag{4.83}$$
式中：F 为约束矩阵；m 为模型参数；h 为约束的值。

对于式（4.67）的地球物理问题，等式约束下的反演问题可表示为

$$\begin{bmatrix} G^T G & F^T \\ F & O \end{bmatrix} \begin{bmatrix} m \\ \mu \end{bmatrix} = \begin{bmatrix} G^T d \\ h \end{bmatrix} \tag{4.84}$$

式中：μ 为拉格朗日乘子，用于平衡数据拟合和约束信息的权重。

因此，求解等式约束反演问题，最终归结为求解式（4.84）。等式约束的难度是选择合适的约束矩阵。例如，设其中一个模型参数约束为 h_1，则约束方程表示为

$$Fm = [0\ 0\ \cdots\ 0\ 1\ 0\ \ldots\ 0] \begin{bmatrix} m_1 \\ m_2 \\ \vdots \\ m_N \end{bmatrix} = [h_1] = [h] \tag{4.85}$$

图 4.6 是青海省尕林格矿区 V 矿群 212 线等式约束反演结果。反演结果说明，成像反演快速收敛，能够较好地拟合观测数据，运算时间及内存占用量有限，共轭梯度法使得磁化强度成像反演方法更具有实用性。同时，等式约束的成像反演结果克服"趋肤效应"，矿体边界清晰，反演的分辨率高，且与钻孔控制的矿体形态产状一致（图 4.7）。成像反演没有发现除已知矿体以外的强磁性体，说明该剖面没有其他隐伏矿体。等式约

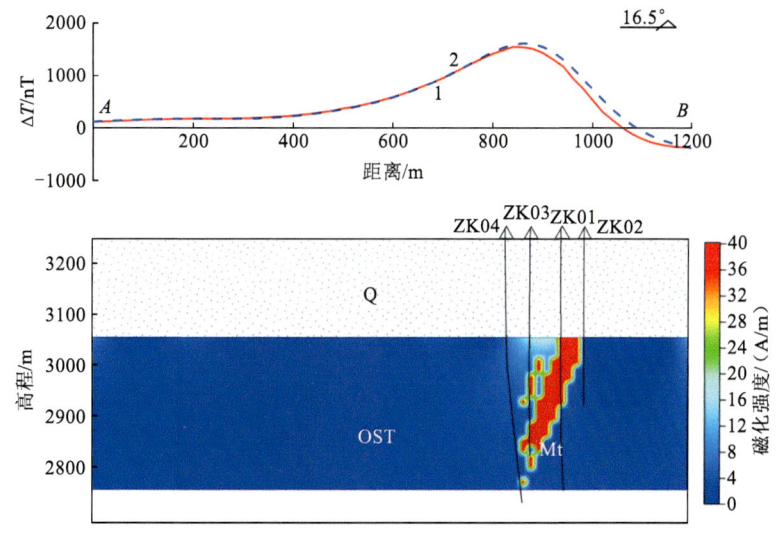

图 4.6 尕林格矿区 V 矿群 212 线等式约束磁化强度成像反演结果

1-观测数据；2-拟合数据；Q-第四纪沙砾层；OST-滩涧山群；Mt-磁铁矿；ZK01～ZK04-钻孔

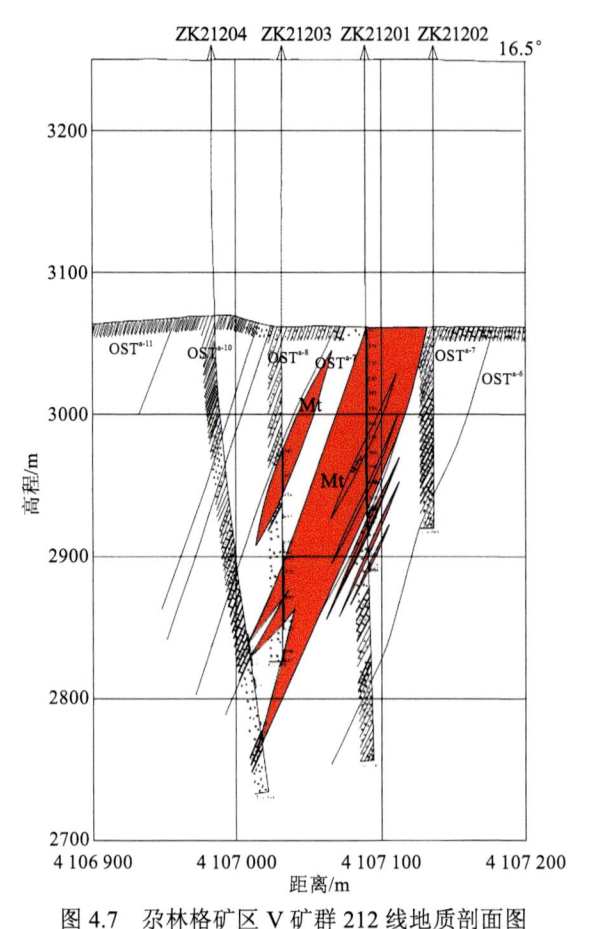

图 4.7 尕林格矿区 V 矿群 212 线地质剖面图

1-观测数据；2-拟合数据；Q-第四纪沙砾层；OST-滩涧山群；Mt-磁铁矿；ZK21201～ZK21204-钻孔

束通过对已知矿体进行约束，可以应用于深部隐伏矿体或旁侧矿体勘查。图 4.8 所示为没有进行约束的磁化强度反演结果，无约束条件下的反演结果物性分布范围较大，值偏低，反演的分辨率低。

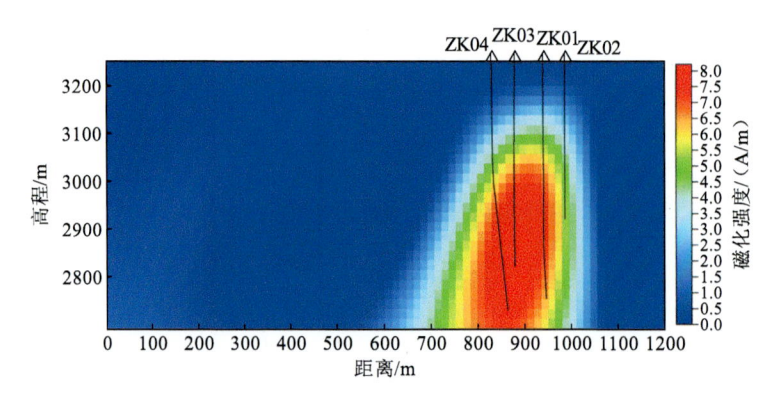

图 4.8 尕林格矿区 V 矿群 212 线无等式约束磁化强度成像反演结果

2. 不等式约束

在反演过程中，可以通过地质、地震、钻孔等先验信息得到密度的变化范围。因此，需对物性进行不等式约束，可表示为

$$m_a \leqslant m \leqslant m_b \tag{4.86}$$

式中：m_a 和 m_b 分别为模型参数的下限和上限。

式（4.86）有两种实现形式：①将有约束优化问题转化为无约束优化问题（即惩罚函数法）；②通过绝对约束的方法实现不等式约束。绝对约束即强制性地使反演的参数在其最小值和最大值之内，其伪代码为

$$\text{If } m \leqslant m_a, \text{ then } m = m_a; \quad \text{If } m \geqslant m_b, \text{ then } m = m_b \tag{4.87}$$

图 4.9 和图 4.10 分别是未使用不等式约束和使用不等式约束的理论模型重力数据反演结果。矩形截面棱柱体模型的剩余密度为 1 g/cm³。如果不加密度≥0 的先验信息，尽管预测数据能够很好地拟合观测数据，但反演的密度分布与真实模型存在很大的偏差。反之，给定一个简单的约束范围，即 0≤密度≤1，反演结果得到大大改善（图 4.10）。可见，不等式约束是一种有效提高反演效果的约束方法。

（a）观测与拟合的重力数据

（b）反演得到的密度分布

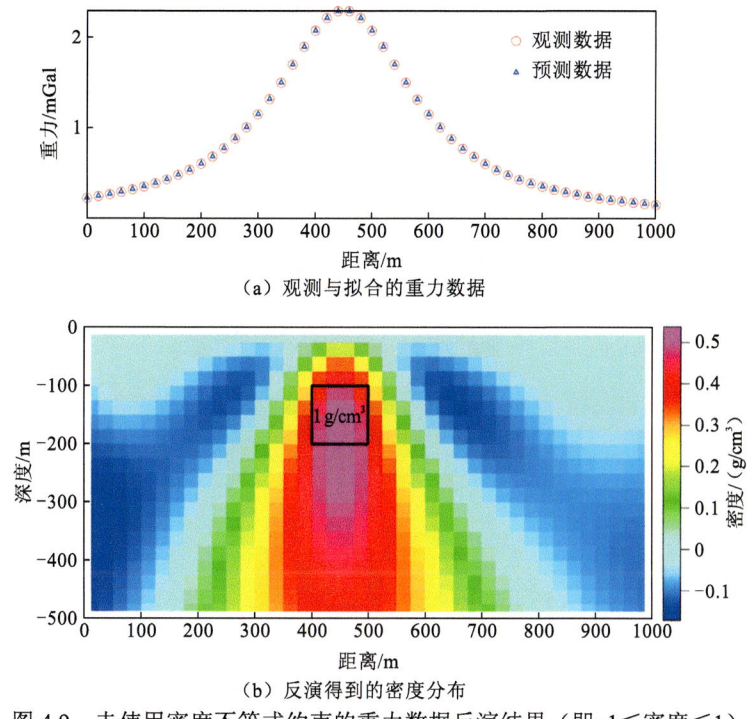

图 4.9 未使用密度不等式约束的重力数据反演结果（即-1≤密度≤1）

3. 惩罚函数约束

惩罚函数法是一类求解约束优化问题方法。惩罚函数法的基本思想是将一系列有约束最优化问题转化为无约束优化问题。无约束优化问题是通过添加一个惩罚函数项，目标函数由惩罚函数与惩罚因子组成。因此，惩罚函数法也称为序列无约束最优化技术。

（a）观测与拟合的重力数据

（b）反演得到的密度分布

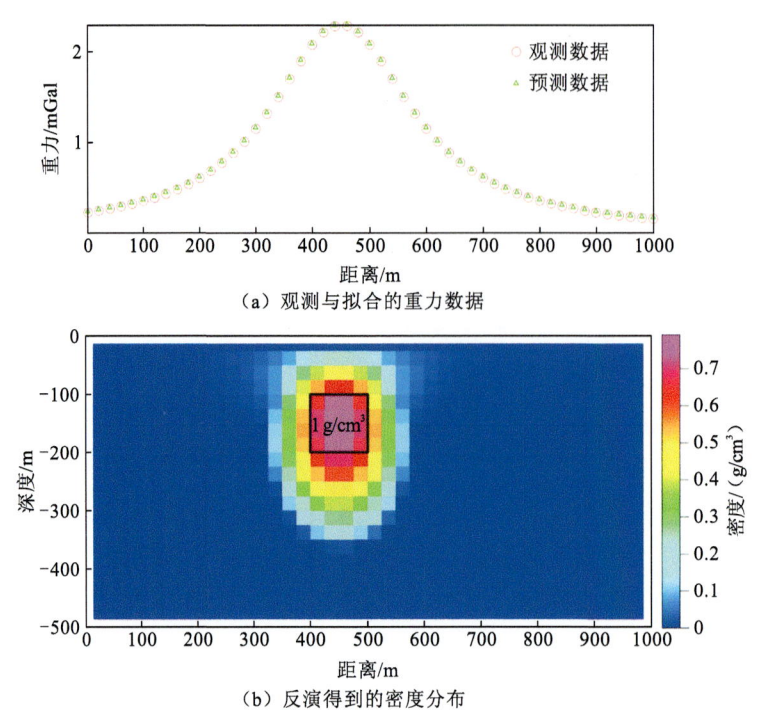

图 4.10　使用密度不等式约束的重力数据反演结果（即 0≤密度≤1）

惩罚函数法包括外点法、内点法（壁垒法）和增广拉格朗日法。通常，约束优化问题可表示为

$$\min f(x) \\ \text{s.t.} \begin{cases} g_i(x) \geqslant 0, & i=1,2,\cdots,m \\ h_j(x) = 0, & i=1,2,\cdots,p \end{cases} \quad (4.88)$$

式中：$f(x)$ 为目标函数；$g_i(x)$ 为不等式约束；$h_j(x)$ 为等式约束。

1）外点法

$$\min f(x) \\ \text{s.t.} \begin{cases} g_i(x) \geqslant 0, & i=1,2,\cdots,m \\ h_j(x) = 0, & i=1,2,\cdots,p \end{cases} \Leftrightarrow \Phi(x,M) = f(x) + M\sum_{i=1}^{M}\{\min[0,g_i(x)]\}^2 + M\sum_{j=1}^{p}h_j^2(x) \quad (4.89)$$

式中：M 为惩罚因子。

2）内点法

$$\min f(x) \\ \text{s.t.} \ g_i(x) \geqslant 0, \quad i=1,2,\cdots,m \Leftrightarrow \text{或} \quad \begin{aligned} \Phi(x,r_k) &= f(x) + r_k\sum_{i=1}^{M}\frac{1}{g_i(x)} \\ \Phi(x,r_k) &= f(x) - r_k\sum_{i=1}^{M}\ln[g_i(x)] \end{aligned} \quad (4.90)$$

式中：r_k 为阻碍因子。

3）增广拉格朗日法

$$\min f(x)$$
$$\text{s.t.} \begin{cases} g_i(x) \geq 0, & i=1,2,\cdots,m \\ h_j(x) = 0, & i=1,2,\cdots,p \end{cases} \Leftrightarrow \Phi(x,r_k) = f(x) - r_k \sum_{i=1}^{M} \ln[g_i(x)] + \frac{1}{\sqrt{r_k}} \sum_{j=1}^{p} h_j^2(x) \quad (4.91)$$

下面通过实际的例子来说明该方法的有效性。设计一个理论模型，并在两组相同的初始模型下分别利用无约束、等式约束和不等式约束方法进行反演。

设计的理论模型如图 4.11 所示，其参数见表 4.1，首先利用无约束的方法进行反演，然后分别用 $I_s = 45°$，$M_s = 10\ 000 \times 10^{-3}$ A/m 的等式约束反演和 $0 < M_s < 20\ 000 \times 10^{-3}$ A/m 的不等式约束反演，得到的结果见表 4.1 和图 4.11。从表 4.1 中可以看出，无约束反演和约束反演得到的模型位置与理论值一致，但是无约束反演的磁化倾角不准确，磁化强度还成了负值，而约束反演结果得到了准确的值，且约束反演次数相对无约束反演要少。

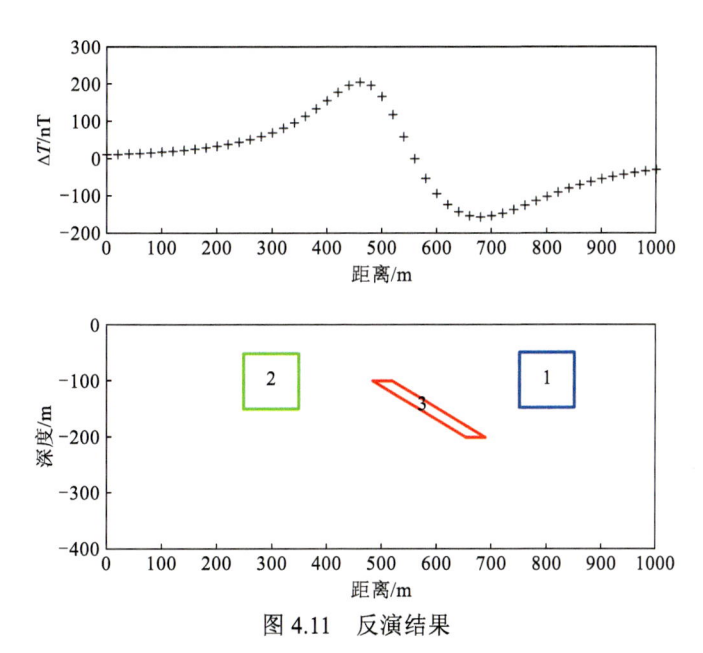

图 4.11　反演结果

1-初始模型 1；2-初始模型 2；3-理论模型和反演结果

表 4.1　初始模型 1 的反演结果

参数	中心坐标 x_0/m	中心深度 z_0/m	宽度 $2b$/m	延伸长度 $2l$/m	倾角 A /（°）	磁化倾角 I_s /（°）	磁化强度 M_s /（10^{-3}A/m）	迭代次数 /次
理论模型	586.6025	150	40	200	30	45	10	—
初始模型 1	800	100	100	100	90	45	20	—
无约束反演	586.60	150.00	40.00	200.00	30.00	135.00	-9.999 92	37
等式约束反演	586.60	150.00	40.00	200.00	30.00	45.00	10.000 66	26
不等式约束反演	586.60	150.00	40.00	200.00	30.00	45.00	9.999 92	36

设置初始模型 2，首先利用无约束的方法进行反演，然后利用 $0<A<120°$，$0<I_s<90°$ 和 $0<M_s<20\ 000\times10^{-3}\ \text{A/m}$ 的约束反演，得到的结果见表 4.2 和图 4.11。利用无约束的方法结果无法收敛，而利用约束反演方法可得到与理论模型较一致的结果。

表 4.2 初始模型 2 的反演结果

参数	中心坐标 x_0/m	中心深度 z_0/m	宽度 $2b$/m	延伸长度 $2l$/m	倾角 A /（°）	磁化倾角 I_s /（°）	磁化强度 M_s /（10^{-3} A/m）	迭代次数 /次
理论模型	586.6025	150	40	200	30	45	10	—
初始模型 2	300	100	100	100	90	45	20	—
无约束反演	—	—	—	—	—	—	—	—
约束反演	586.60	150.00	40.00	200.00	30.00	45.00	9.999 97	25

4.4.3 先验信息插值模型约束反演

本小节将先验信息进行插值，然后将插值（用克里格和距离平方反比方法）得到的模型作为初始模型或参考模型进行约束反演。先验信息包括钻孔录井、地质调查及其他地球物理测量结果等，具体约束反演的步骤如下。

1）先验信息插值

克里格插值：克里格是一种地质统计学插值网格化方法，广泛应用于诸多领域。克里格方法能够得到直观的图形通过不规则空间数据，也能够表现数据的空间趋势。克里格插值的表达式为

$$\begin{cases} \hat{Z}(x) = \sum_{i=1}^{n} \lambda_i Z_i(x_i) \\ \sum_{j=1}^{n} \lambda_j c(x_i, x_j) - \mu = c(x_i, x) \\ \sum_{i=1}^{n} \lambda_i = 1 \end{cases} \quad (4.92)$$

式中：λ_i 为点 x_i 的权重系数；n 为已知插值点点数；$Z_i(x_i)$ 为这些插值点的值；$\hat{Z}(x)$ 为待插值点 x 插值后的值；μ 为拉格朗日乘子；$c(x_i, x_j)$ 为点 x_i 和 x_j 的协方差。

距离平方反比插值：距离平方反比是一种快速的插值算法，取决于待插值点与已知点的距离，距离平方反比的表达式为

$$\hat{Z}_j = \frac{\sum_{i=1}^{n} \dfrac{Z_i}{d_{ij}^2}}{\sum_{i=1}^{n} \dfrac{1}{d_{ij}^2}} \quad (4.93)$$

式中：d_{ij} 为待插值点 j 与已知点 i 的距离；n 为已知点的点数；Z_i 为已知点的值；$\hat{Z}_j$ 为点 j 插值后的值。

2）将插值模型作为初始模型

重力数据最优化反演通常采用线性反演方法如共轭梯度法、高斯-牛顿法等。它们进行迭代时，需设置初始模型。因此，一种最有效的方法是将迭代反演的初始模型设置为插值模型，即

$$m_0 = m_{\text{Intp}} \tag{4.94}$$

式中：m_0 为初始模型；m_{intp} 为插值模型。

3）将先验信息作为参考模型

也可以将目标函数式（4.77）中的参考模型设置为插值模型，即

$$m_{\text{ref}} = m_{\text{Intp}} \tag{4.95}$$

式中：m_{ref} 为参考模型；m_{intp} 为根据先验信息得到的插值模型。

4）最优化反演

当将初始模型或参考模型设置为插值模型以后，即可按照一般的反演方法进行重力数据反演。

4.4.4 理论模拟与实际应用

1. 理论模拟：钻孔先验信息条件下的重力数据反演

设计一个 2D 棱柱体模型，其剩余密度为 1 g/cm³，其横截面形状及产生的重力异常如图 4.12 所示，假设有 5 个垂直钻孔打穿目标体，将 5 个钻孔的岩心记录作为先验信息。

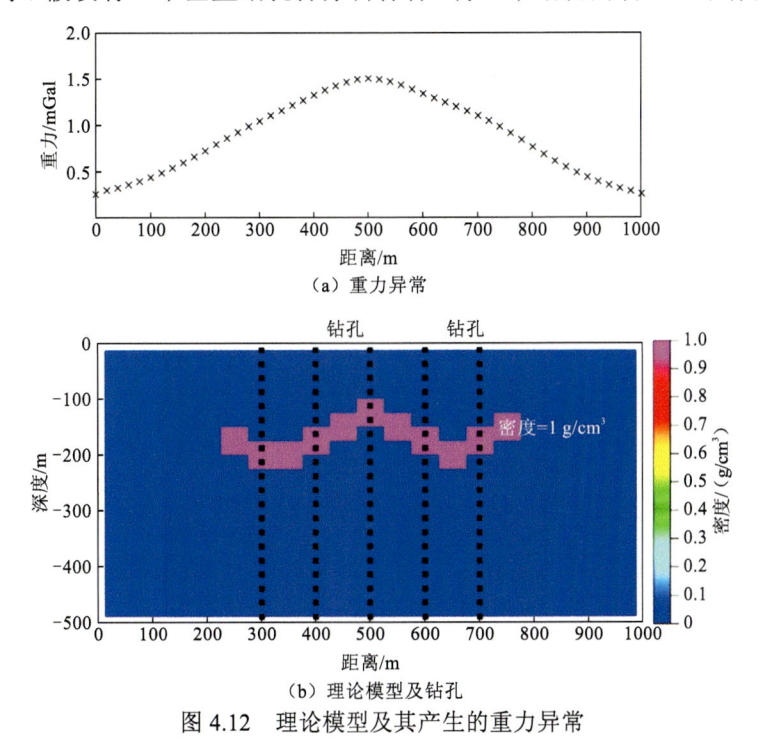

（a）重力异常

（b）理论模型及钻孔

图 4.12 理论模型及其产生的重力异常

首先，没有钻孔约束条件的重力数据反演结果如图 4.13 所示，反演的物性分布与真实模型在形状、密度值方面都存在很大的偏差，尽管预测数据很好地拟合了观测数据。密度分布的范围过大，密度值偏小。在没有约束信息条件下，很难得到可以接受的结果。

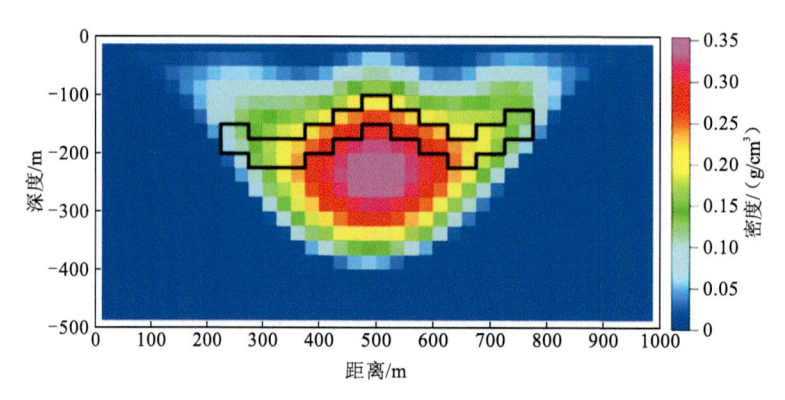

图 4.13 没有钻孔约束的重力数据反演结果

然后进行约束反演，如图 4.14 所示，钻孔穿过目标体的剩余密度为 1 g/cm³（红色），而其他区域的剩余密度为 0（蓝色）。通过克里格插值得到的插值模型如图 4.15（a）所示。插值模型与真实模型具有相同的结构。

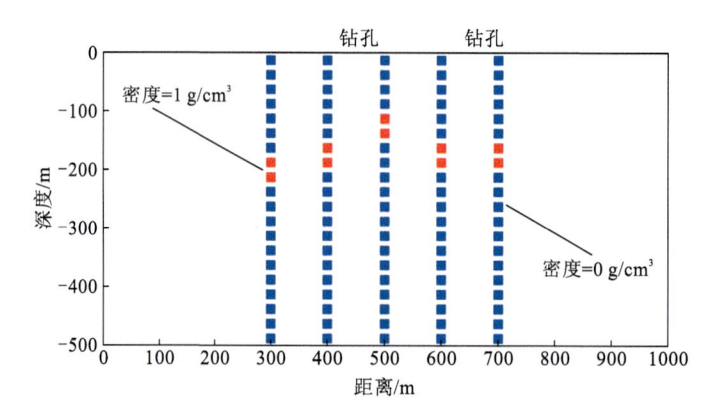

图 4.14 钻孔录井先验信息

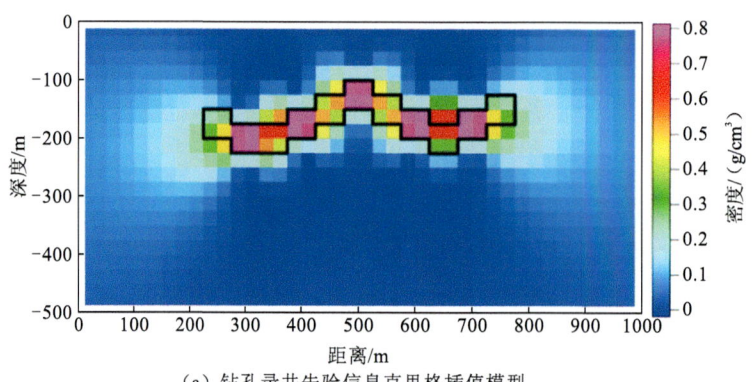

（a）钻孔录井先验信息克里格插值模型

(b) 将插值模型作为初始模型的反演结果

(c) 将插值模型作为参考模型的反演结果

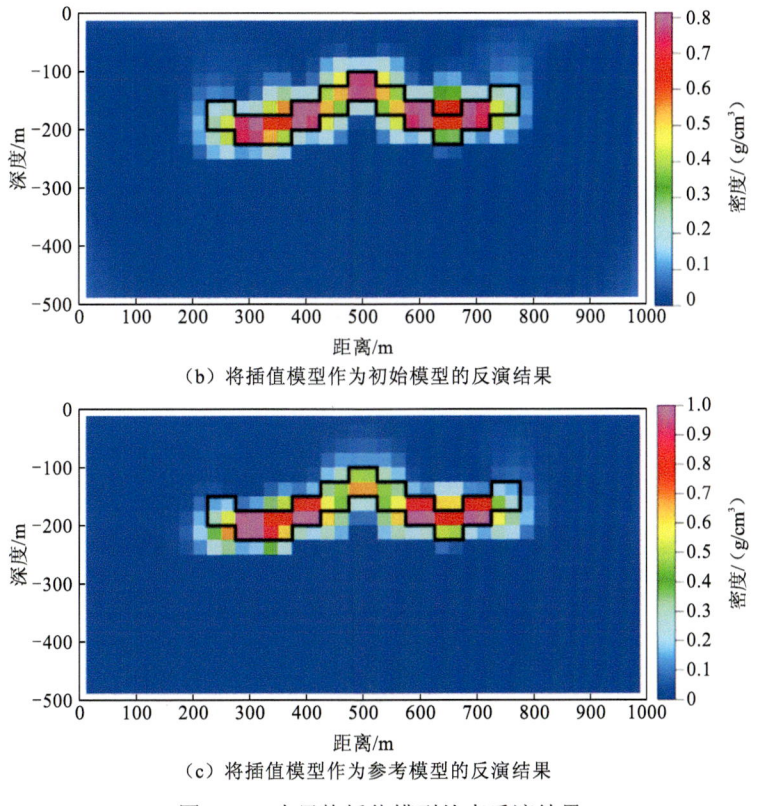

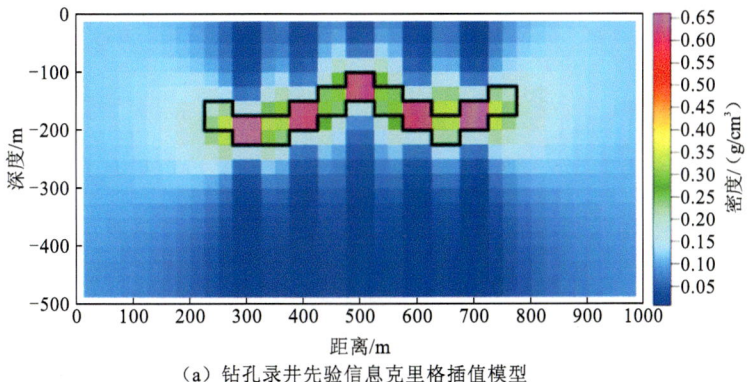

图 4.15 克里格插值模型约束反演结果

图 4.15（b）和（c）分别为将插值模型作为初始模型和参考模型的反演结果。两种方法获得较好的反演结果，并且与真实模型一致。与这两种方法相比，将插值模型作为初始模型反演过程中收敛速度较快，而参数模型反演对正则化因子较为敏感。总体上讲，参数模型反演比初始模型反演的效果略好。

图 4.16 是将距离平方反比方法得到的插值模型作为初始模型和参考模型进行反演的结果。反演结果与真实模型一致。但由于克里格插值模型考虑了变量的空间变化，其得到的反演结果更准确。

(a) 钻孔录井先验信息克里格插值模型

（b）将插值模型作为初始模型的反演结果

（c）将插值模型作为参考模型的反演结果

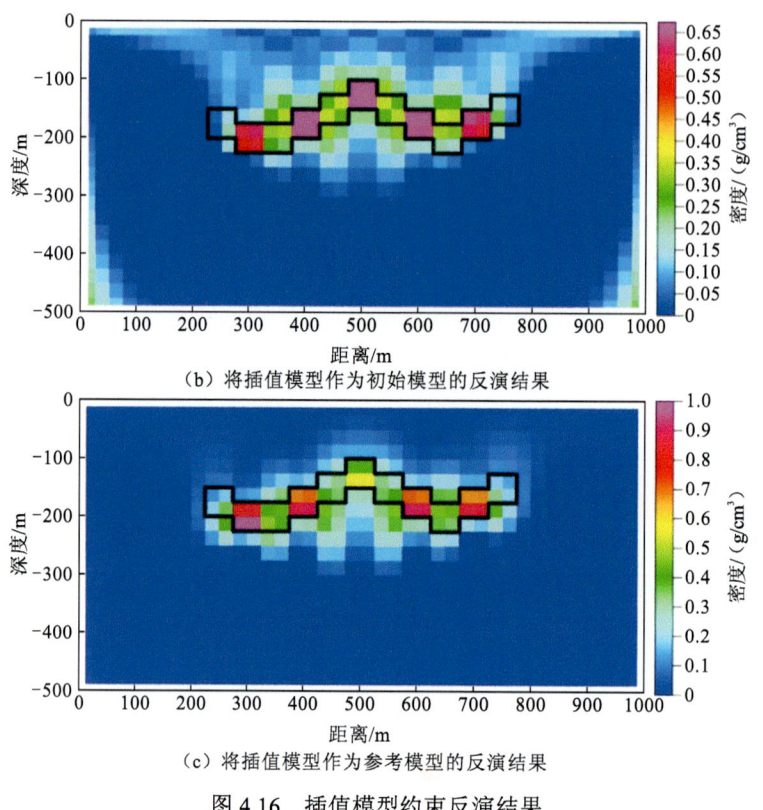

图 4.16　插值模型约束反演结果

2. 实际应用：南岭地区 MT 先验信息重力数据约束反演

图 4.17 是南岭地区经过九嶷山岩体的重力异常。没有任何约束条件的非约束反演结果如图 4.18 所示。此外，该剖面进行了 2D 大地电磁测量，大地电磁反演结果如图 4.19（Liu et al.，2014）所示。将大地电磁的反演结果作为先验信息（图 4.20），分别作为重力数据反演的初始模型和参考模型。图 4.21 和图 4.22 是将其作为初始模型和参考模型的反演结果。反演结果得到改善，与早期的研究结果吻合，如图 4.23（Liu et al.，2014）所示。

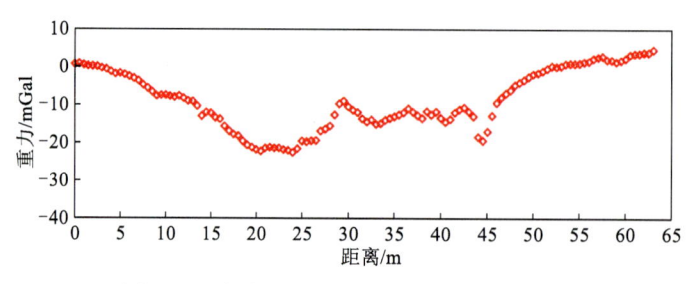

图 4.17　南岭地区九嶷山岩体布格重力异常

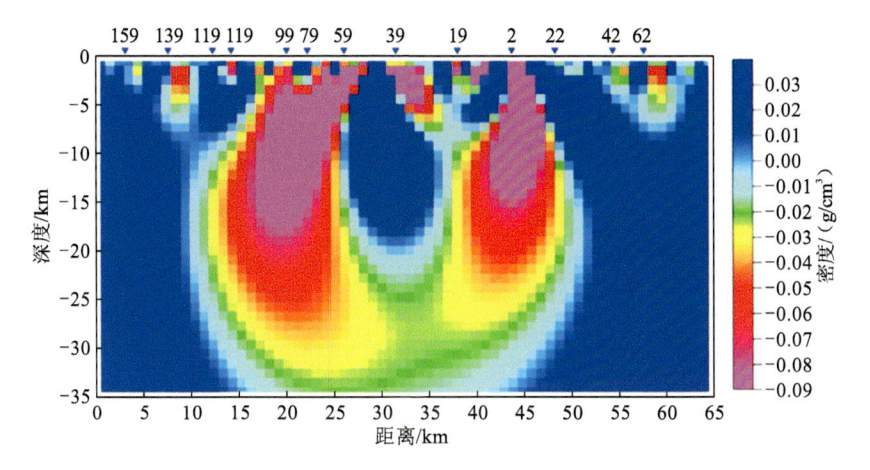

图 4.18 无约束条件下的重力数据反演结果

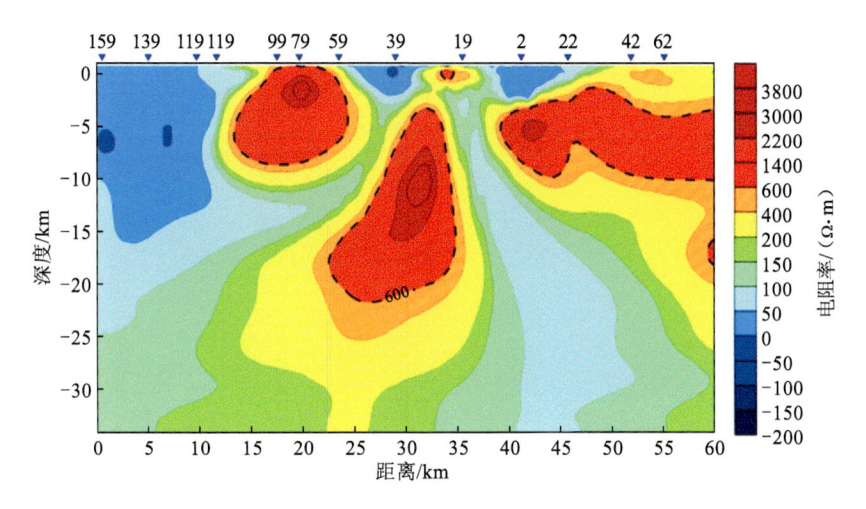

图 4.19 MT 反演结果

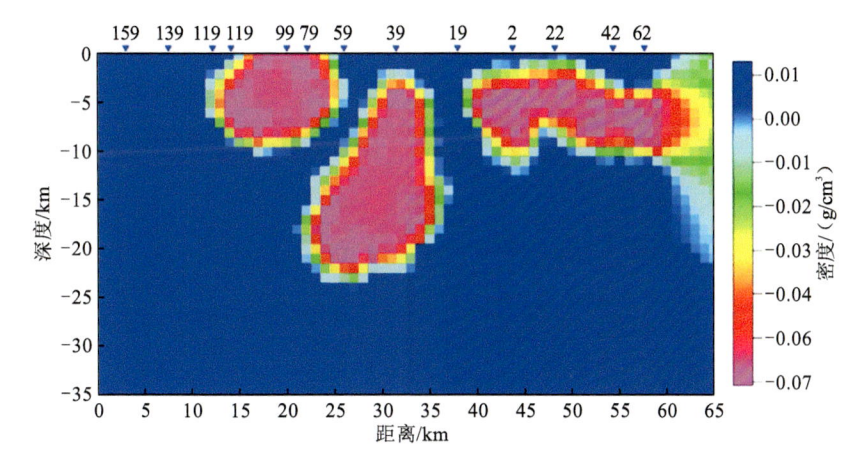

图 4.20 克里格插值模型得到的约束模型

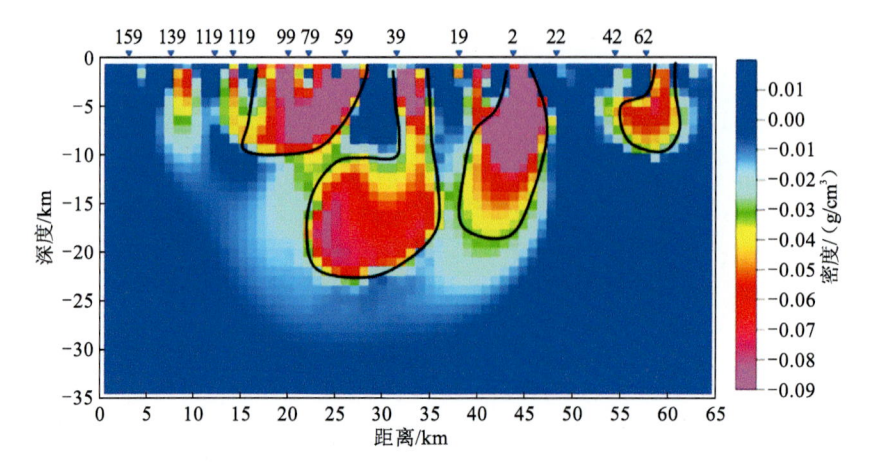

图 4.21 将插值模型作为初始模型的反演结果

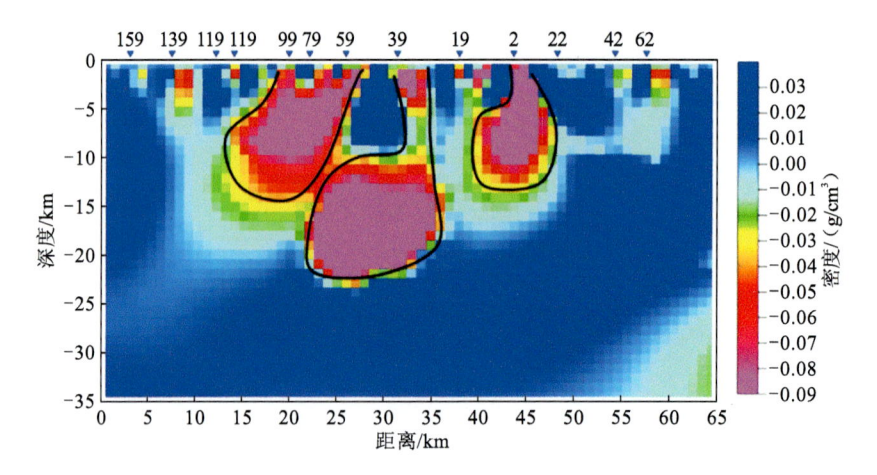

图 4.22 将插值模型作为参考模型的反演结果

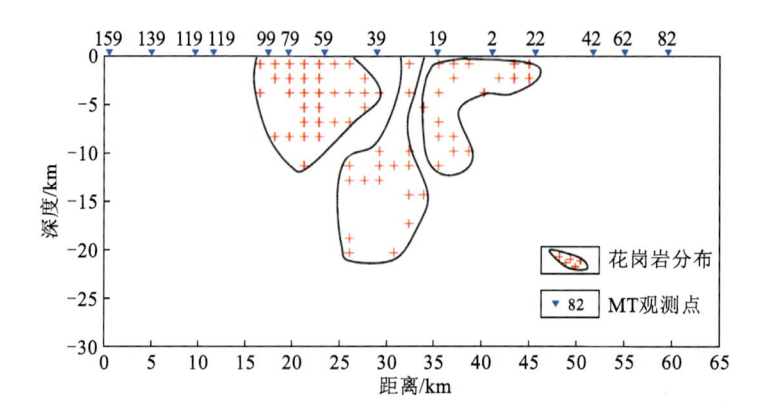

图 4.23 蚁群算法二进制反演结果

第5章 面积性重力异常处理解释方法

重力异常地质解释就是基于经过适当数据处理的重力异常，利用一定的数据处理解释方法，结合工区地质资料对引起这些异常的原因做出地质上的结论或推断，这是重力勘探工作成果解释的最终目的。针对某个具体的工作地区，一定要根据当地的实际地质情况做出客观的、切合实际的推断。特别是重力资料应当结合其他地球物理资料及地质钻探资料进行综合解释，才能做出可靠的地质结论。

从引起重力异常的主要地质因素可以看出：重力异常包含了丰富的信息，因而无论是地壳深部构造与地壳均衡状态的研究，还是普查、勘探矿产资源，或是高精度重力测量在水文、工程乃至考古等方面的应用等诸多地质任务，其重力异常通常都不是由探测对象产生的唯一重力异常的响应，大多是由不同深度、不同规模的地质体产生的重力异常的综合反映，因此增加了实践中重力异常解释的难度。

5.1 面积性重力异常定性解释

5.1.1 面积性重力异常定性解释方法

1. 分析重力异常的基本特征

分析与检查用于解释的基础资料，分析采用的重力异常类型，不同的重力异常类型直接影响后续地质地球物理解释。如图 5.1 所示，布格重力异常清晰显示了由莫霍（Moho）面凹陷引起的低重力异常，然而自由空间重力异常是在宏观上抬升的重力异常的背景中显示有局部低重力异常的特征，反映的是地表山体以及莫霍凹陷的综合反映。

此外，需要注意起伏地形对重力异常解释的影响。在起伏地形条件下，如果不考虑起伏地形的影响，则模拟重力异常存在误差，严重时甚至会使剩余重力异常的形态发生巨大变化。尤其当地形起伏剧烈时，误差尤其显著。如图 5.2 所示，地形起伏最高为 5 km，莫霍面深度是基于 Airy 均衡假说计算的在完全均衡时的莫霍面位置，壳幔密度差取为 0.6 g/cm³，其中红色方框表示壳内异常体，异常体尺寸为 67.4 km×8 km，异常体中心坐标为（500.5 km，20 km），异常体剩余密度为-0.4 g/cm³。则该模型的重力异常由两部分组成：壳内密度不均匀体和莫霍面起伏引起的重力异常。其中当研究对象是壳内密度不均匀体时，则需要将莫霍面重力异常剥离得到剩余重力异常。如图 5.2（b）所示，图中

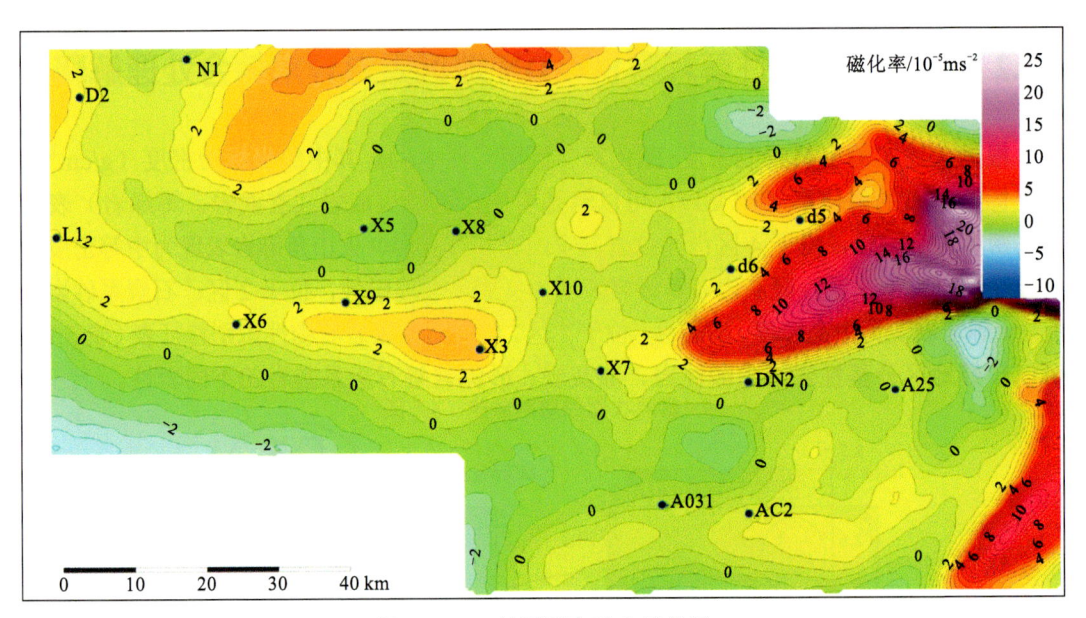

图 5.7　DN 地区剩余重力异常图

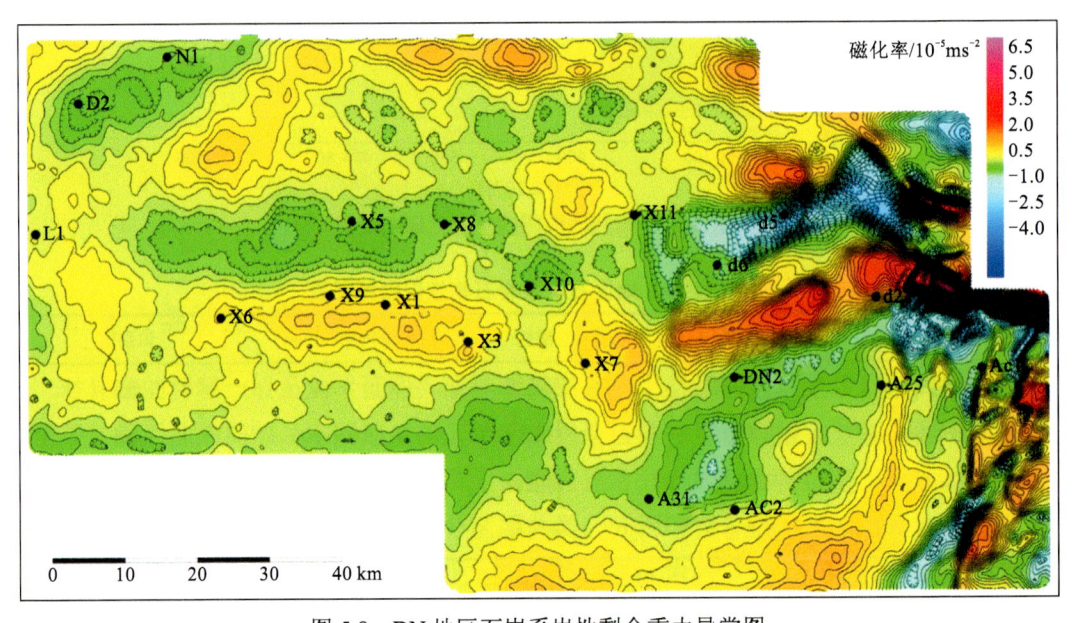

图 5.8　DN 地区石炭系岩性剩余重力异常图

研究区沉积盖层表现为无磁-弱磁性且地层平缓，通过对石炭系以上地层建模正演，上覆地层几乎不影响磁异常形态，因此，磁异常主要是石炭系火山岩的反映，通过高阶导数处理技术即可较好地分离出石炭系火成岩层顶部附近目标磁性体的磁力异常。一般地，磁力异常受区域规模磁性体的异常较大，表现出宏观磁性特征，而磁力垂直二次导数异常则压制区域异常，更好地突出磁源体顶部附近的局部磁性特征（图 5.9）。由图 5.9 可见，磁力垂直二次导数异常反映出研究区磁性体的局部岩性特征，而且经过与已知资料的对比，证实其效果良好。

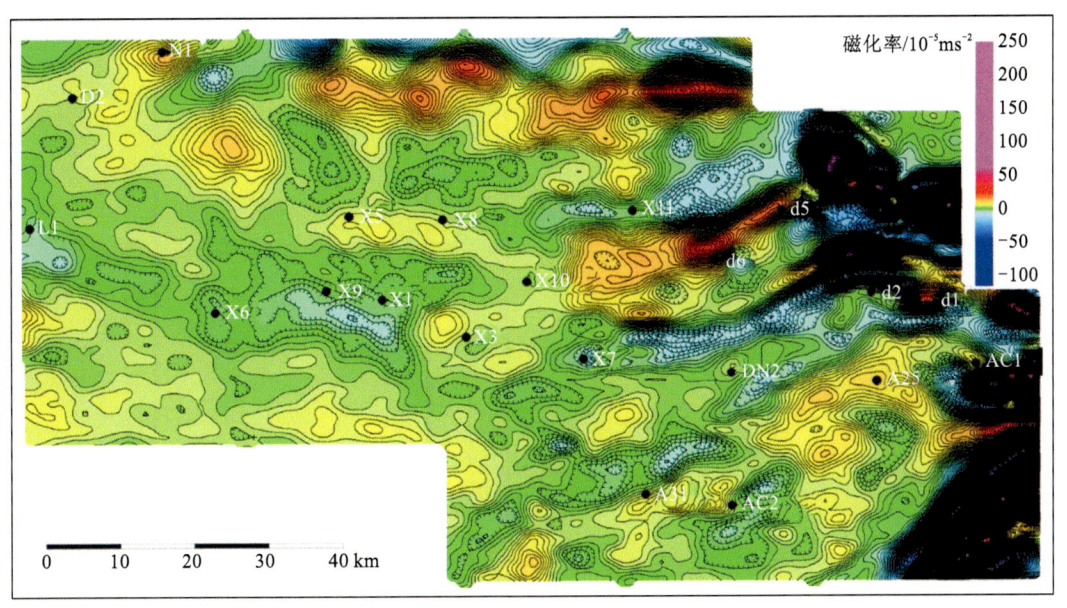

图 5.9 DN 地区磁力垂直二次导数异常图

通过岩石密度、磁性、电阻率的物性组合辩证分析可获得研究区的火山岩性岩相: ggg 为基性火成岩, zzz 为安山岩、英安岩, ddd 为火山角砾岩、凝灰岩, zdd 为砂岩、泥岩 (g 代表较高, z 代表中等, d 代表较低)。

根据上述方法将 DN 地区石炭系基底岩性划分为砂泥岩相、凝灰岩岩相、中基性火成岩相 (玄武岩、辉绿岩) 和中酸性火成岩相 (安山岩、英安岩、流纹岩、花岗岩) 等。在火成岩较为发育区, 根据不同火成岩岩性的密度、磁化率、电阻率差异, 以及其在重磁电异常上的特征, 获得 DN 地区基岩火成岩岩性区带划分图 (图 5.10)。研究区火成岩分布呈近东西向的条带状展布, 中酸性火成岩与中基性火成岩的分布也呈现一定的带状展布特征。

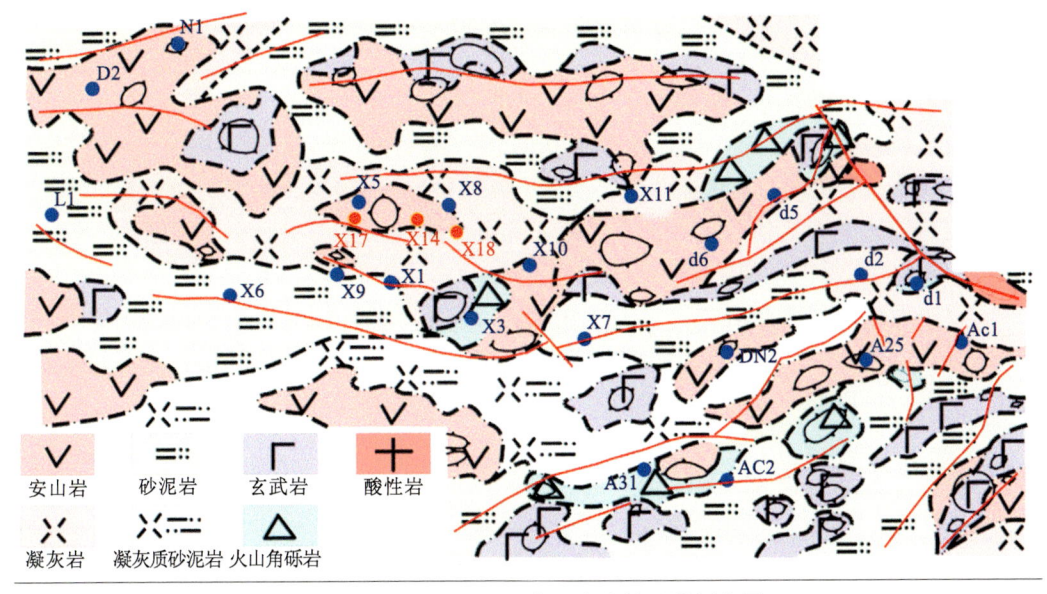

图 5.10 DN 地区基岩火成岩岩性区带划分图

根据重磁电资料综合解释，X11 位于石炭系凝灰岩发育区，后来钻探的 X11 井揭示石炭系基岩岩性为凝灰岩、沉凝灰岩夹泥岩，证实了重磁电震综合勘探的预测成果。经与 19 口探井钻探结果的对比，解释结果与钻探结果的符合率高达 85%以上。

地震方法对深层火山岩有反射但难以确定岩性，而不同岩性的火成岩具有明显不同的密度、磁化率、电阻率特征及其组合特征，这为利用重磁电震综合勘探研究火成岩岩性岩相提供了天然的物性条件和多方法组合提高研究精度的有利条件。利用高精度重磁电震综合勘探及其针对性的特殊处理解释技术可以较好地识别火成岩岩性区带，实践证明其可以取得较好的效果。

以岩性岩相为第一要素，构造为第二要素，离断裂、火山机构的远近为第三因素，再结合距烃源岩远近、可能的后期改造等因素，优选 X5~X8 区为石炭系中酸性火山岩优选目标（X5、X8 井为早期已钻探井，X5 为油气显示井，X8 井无油气显示），部署三维地震攻关。随后钻探 X14、X17、X18 等探井证实了解释结果，并获得火山岩储层天然气重大发现。

5.2 面积性重力异常定量解释

5.2.1 面积性重力异常定量解释方法

1. 选择适当的重力异常处理方法

鉴于重力异常的复杂性，各种数据处理及解释方法都有自身的局限性，应针对解释的具体地质任务和条件选用相应的方法，并通过试验确定有关的参数（如延拓高度、滤波窗口大小等）、选择处理方案，从中选取效果最佳的解释方案。例如，在区域重力异常解释中，由于局部异常与区域异常的复杂性，常常难以得到客观的局部重力异常形态，给后续解释造成困扰。如图 5.11（a）所示，图中紫色实线表示起伏地形观测面；红色方框表示壳内局部密度不均匀体，其中异常体 A 的尺寸为 10 km×8 km，中心深度为 20 km，剩余密度为 0.4 g/cm^3，异常体 B 的尺寸与 A 相同，中心深度为 15 km，剩余密度为-0.2 g/cm^3；深蓝色实线表示莫霍面，莫霍面两侧物质的密度差设置为 0.4 g/cm^3。图 5.11（b）中红色实线表示局部密度不均体引起的重力异常，深蓝色实线表示莫霍面引起的重力异常，并在数据中加入了 2%的随机噪声，浅蓝色实线表示总的重力异常。

若仅采用数值滤波方法对原始重力异常进行位场分离，则难以准确得到局部地质体的重力异常响应，而根据莫霍起伏形态采用正演计算的方式能够准确得到莫霍起伏重力场响应，进而可以得到由壳内密度异常体产生的局部重力异常。

2. 重力场源深度确定

欧拉（Euler）齐次方程反演是位场数据处理中常用方法，常用于快速获取场源空间位置以及根据构造指数判断场源类型。围绕欧拉齐次方程的稳定与高精度计算，前人开展了大量工作，使反演过程更加稳定，反演结果更加集中。

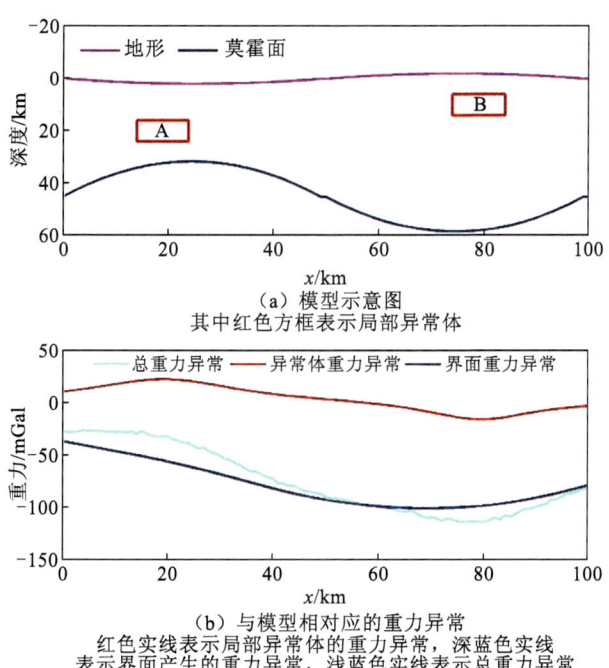

(a) 模型示意图
其中红色方框表示局部异常体

(b) 与模型相对应的重力异常
红色实线表示局部异常体的重力异常，深蓝色实线
表示界面产生的重力异常，浅蓝色实线表示总重力异常

图 5.11 起伏地形模型及其重力场响应

如图 5.12（a）所示，将 A、B、C、D 异常体的剩余密度分别设为 1 g/cm³、0.6 g/cm³、0.01 g/cm³、1 g/cm³，总的重力异常如图 5.12（b）所示，在该情况下，A、D 异常体在观测面引起的重力异常较强，B、C 异常体在观测面引起的重力异常较弱。采用欧拉（Euler）齐次方程确定各个地质体的深度。利用 Huang 等（2019）提出的窗口大小确定方法，确定一个合适的反演窗口为 11 km×11 km，反演结果如图 5.13 所示，其中图 5.13（a）为解的平面位置和深度，颜色代表解的深度，从平面位置来看解的位置与异常体的真实位置一致，对于小异常体 A、D，解集中在异常体内部，深度大多在 6 km 左右；对于下底无限延伸的异常体 C（棱柱体），解集中在异常体的边界，深度为 1~2 km；对于水平无限延伸异常体 B（圆柱体），解沿圆柱体中心分布，深度为 5~6 km。图 5.13（b）为反演的构造指数，从中可以看出异常体 A、D 的构造指数为 1.5~2.0，异常体 B 的构造指数为 0.5~1，异常体 C 的构造指数为 -1~0。理论上不同几何类型的场源重力异常具有不同的构造指数，通过构造指数可以判断出，异常体 A、D 的重力异常可近似为球体重力异常，异常体 B 的重力异常可近似于水平圆柱体重力异常，异常体 C 的重力异常可近似于台阶

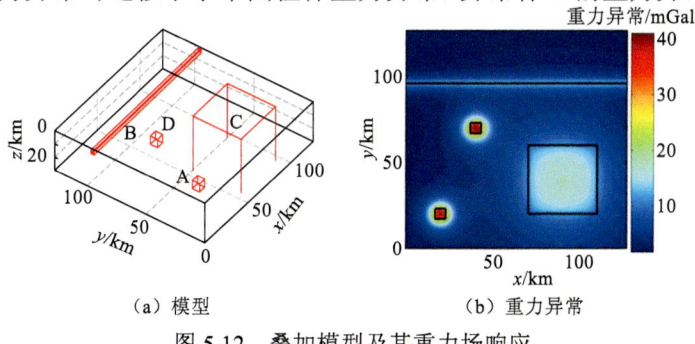

（a）模型　　　　　　　　（b）重力异常

图 5.12 叠加模型及其重力场响应

重力异常。图 5.14 为反演获得的解的三维空间位置,从中可以看出,对于异常体 A、D 异常,解主要集中在异常体中心附近;对于异常体 C,解主要集中在异常体的顶部;对于异常体 B,反演的解的深度比异常体真实深度偏深。

(a) 反演获得的解的平面位置和深度

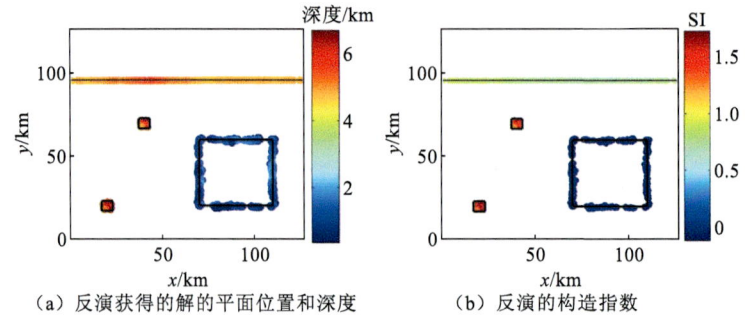

(b) 反演的构造指数

图 5.13　欧拉反演解的平面散点图

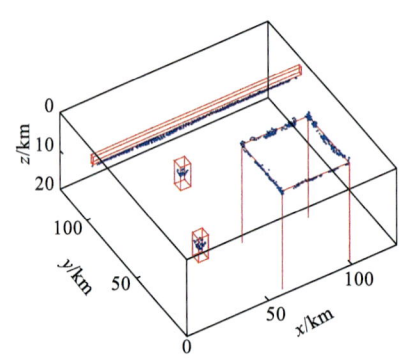

图 5.14　反演获得的解的空间位置

蓝点为欧拉反演解的位置

3. 重力异常三维反演

反演是重力异常数据定量解释的重要环节,随着科技的发展,计算机的运算能力不断增强,如今三维密度反演已成为重力异常定量解释中研究最热门、应用最为广泛的一种定量解释手段。

本小节设置如图 5.15 所示的模型,用以说明本书使用的三维密度反演方法的效果。共设置了两组模型,其中第一组模型[图 5.15（a）]包含两个长方体,两个长方体的尺寸均为 200 m×200 m×200 m,两长方体的剩余密度均为 100 kg/m^3,两长方体的中心坐标分别为 (300 m,500 m,150 m)、(700 m,500 m,150 m),它们产生的重力异常如图 5.15（c）所示,重力异常的网格大小为 50 m×50 m,数据大小为 21×21。第二组模型[图 5.15（b）]包含两个倾斜阶梯状异常体,其中小阶梯的 x 方向延伸范围为 250~500 m、y 方向延伸范围为 300~700 m、z 方向延伸范围为 50~200 m,倾向向 x 轴正方向;其中长阶梯的 x 方向延伸范围为 400~800 m、y 方向延伸范围为 300~700 m、z 方向延伸范围为 50~400 m,倾向向 x 轴负方向;两异常体的剩余密度均为 100 kg/m^3,它们产生的重力异常如图 5.15（d）所示,重力异常的网格大小为 50 m×50 m,数据大小为 21×21。

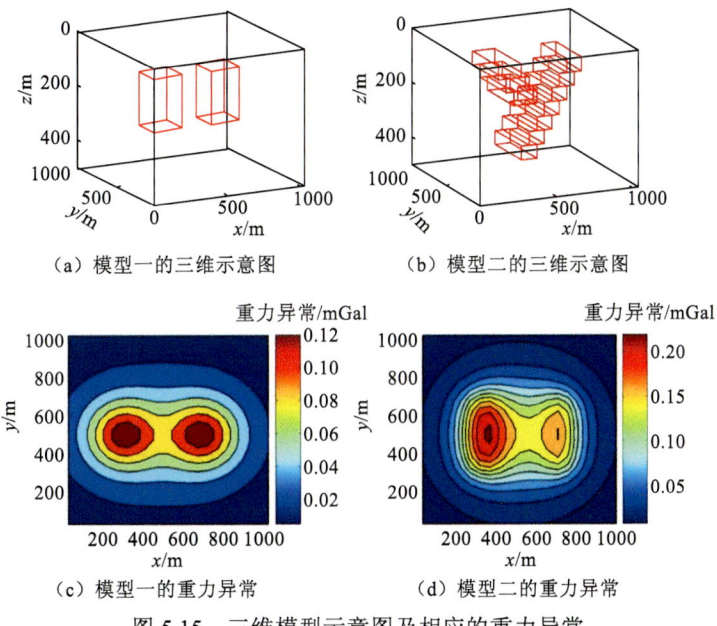

（a）模型一的三维示意图　　　（b）模型二的三维示意图

（c）模型一的重力异常　　　（d）模型二的重力异常

图 5.15　三维模型示意图及相应的重力异常

反演时，两组模型在 x、y、z 方向的网格剖分间距均为 50 m，三维网格数为 21×21×10，共 4410 个，首先不采用任何约束，分别对两组模型进行反演，其反演结果如图 5.16 所示，图 5.16（a）～（c）为模型一的反演结果，图 5.16（d）～（f）为模型二的反演结果。其中图 5.16（a）和（d）分别为两种模型反演结果的拟合差。从图 5.16 中可以看出二者的拟合差均非常小，即反演得到的模型的重力异常与原始的重力异常非常接近；图 5.16（b）和（e）分别为两种模型反演结果在 $y=500$ m 处的垂直密度切片图，图 5.16（c）和（f）分别为两种模型反演结果在 $z=150$ m 处的水平密度切片图，其中白色框线指示了异常体的真实边界，从图 5.16 中可以看出，虽然二者的水平密度切片对异常体的边界反映较好，但是在垂直密度切片图中，结果过于光滑，难以很好地反映异常体的形态和边界。

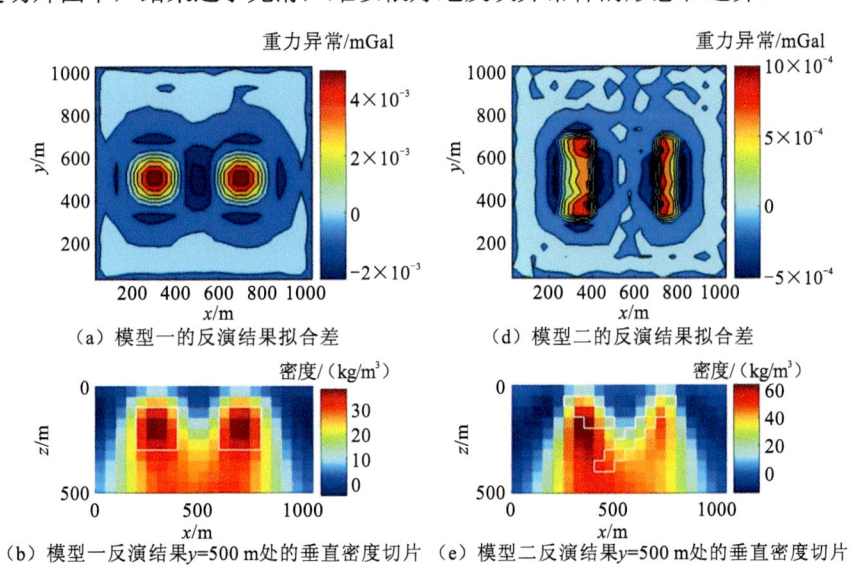

（a）模型一的反演结果拟合差　　　（d）模型二的反演结果拟合差

（b）模型一反演结果 $y=500$ m 处的垂直密度切片　（e）模型二反演结果 $y=500$ m 处的垂直密度切片

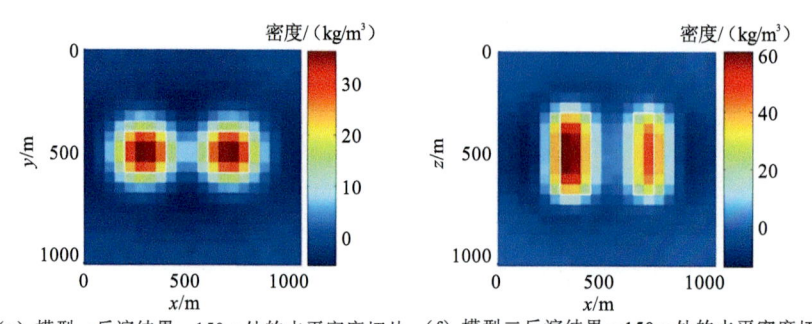

（c）模型一反演结果z=150 m处的水平密度切片　（f）模型二反演结果z=150 m处的水平密度切片

图 5.16　不施加约束的反演结果

白色框线指示了场源边界

因为两种模型产生的重力异常均为以正值为主，当反演过程中施加密度大于零的约束时，反演结果如图 5.17 所示，图 5.17（a）～（c）为模型一的反演结果，图 5.17（d）～（f）为模型二的反演结果。图 5.17（b）和（e）分别为两种模型反演结果在 $y=500$ m 处的垂直密度切片图，图 5.17（c）和（f）分别为两种模型反演结果在 $z=150$ m 处的水平密度切片图，从中可以看出，对模型一施加密度大于零的约束后，反演结果和真实情况非常

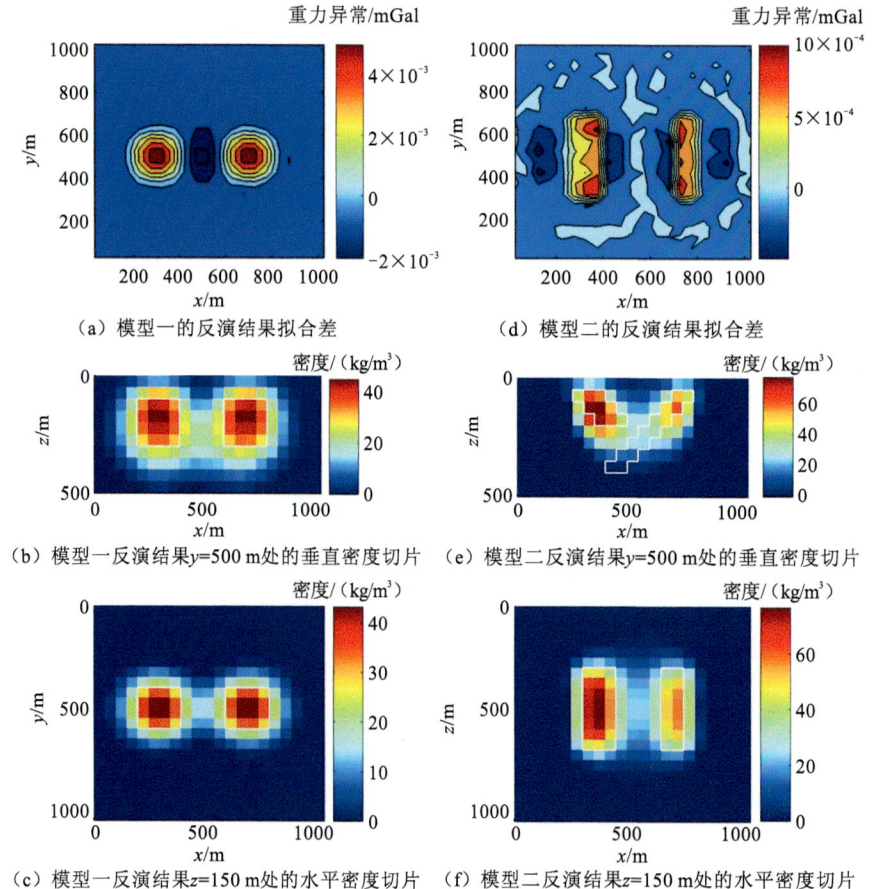

（a）模型一的反演结果拟合差　　　　　　（d）模型二的反演结果拟合差

（b）模型一反演结果y=500 m处的垂直密度切片　（e）模型二反演结果y=500 m处的垂直密度切片

（c）模型一反演结果z=150 m处的水平密度切片　（f）模型二反演结果z=150 m处的水平密度切片

图 5.17　施加密度大于零约束的反演结果

白色框线指示了场源边界

接近，可以很好地反映出异常体的形态和埋藏深度；对于模型二，反演结果对小阶梯的形态和埋藏深度重构得较好，对长阶梯的顶部形态恢复得较好，但随着深度的增加分辨率降低。总的来说，在施加一定约束条件后，三维密度反演的结果能较好地恢复地下的密度分布。

5.2.2 重力异常定量解释案例：ST 地区重力勘探

20 世纪 90 年代初，ST 地区还是一个勘探新区，未进行重磁电震勘探工作，盆地构造单元、地层分布及断裂展布情况不清，需要重磁电勘探成果指明下一步勘探方向。区域内出露地层主要有新生界、中生界、二叠系、石炭系等，石炭系岩性为火山岩、砂泥岩。盆地以石炭系及其更老的地层为基底，盖层为二叠统、三叠系、侏罗系、白垩系、古近系、新近系和第四系。

岩石密度资料表明，本区存在三个主要密度界面。

第一密度界面为新生界与中生界之间的密度界面。新生界岩石密度一般小于 2.20 g/cm^3，中生界密度一般为 2.50 g/cm^3，构成了 0.3 g/cm^3 的密度差。

第二密度界面为中生界与上古生界的密度界面。三叠系、侏罗系、白垩系密度为 2.49～2.50 g/cm^3，二叠统密度为 2.60 g/cm^3，构成了 0.1 g/cm^3 的密度差。

第三密度界面为二叠系与石炭系之间的密度界面。二叠系密度在 2.60 g/cm^3 左右，下伏石炭系密度为 2.71～2.76 g/cm^3，构成了 0.11～0.16 g/cm^3 的密度差。

1991～1992 年开展重力勘探工作，测网密度为 1 km×4 km，重力异常总精度为 0.12×10^{-5} m/s^2，完成勘探面积 2.3×10^4 km^2，获得布格重力异常（图 5.18）。

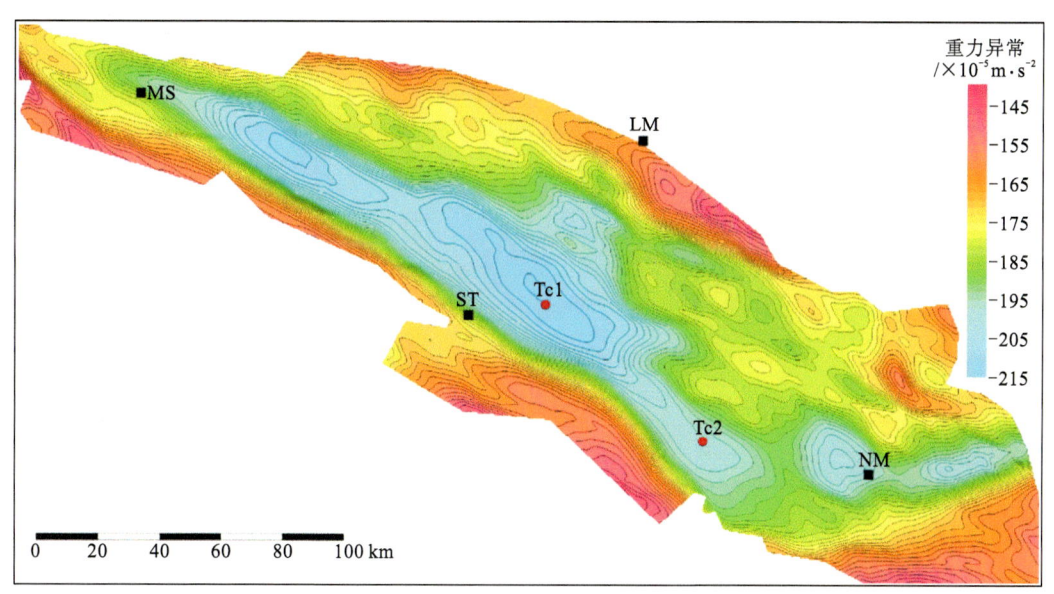

图 5.18 ST 地区布格重力异常图

剩余重力异常（图 5.19）由布格重力异常减去上延 10 km 重力异常得到。剩余重力异常更清晰地展示了 ST 盆地基本结构特征，根据区域地质情况推测，重力异常低带为中生界与二叠系断陷沉积区，由西向东分布多个沉积中心。断陷两侧存在明显的重力梯级带，对图 5.19 求取重力水平总梯度，即可得到重力水平总梯度异常图（图 5.20），利用重力水平总梯度异常极值线可以较好地确定断裂发育位置，进一步解释出盆地断裂体系，结合剩余重力异常，进行构造单元划分（图 5.21）。

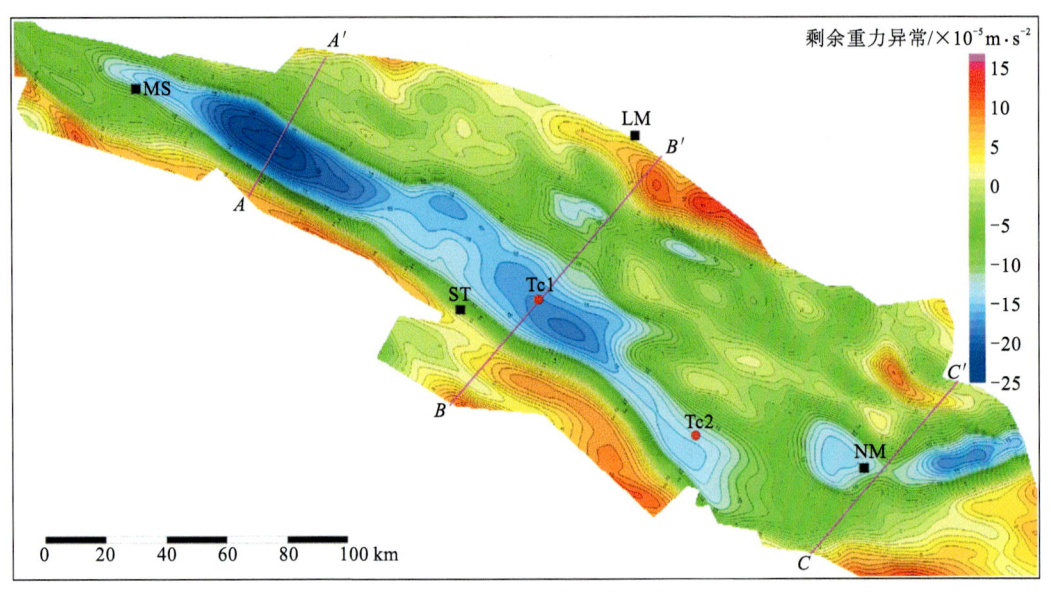

图 5.19 ST 地区剩余重力异常图

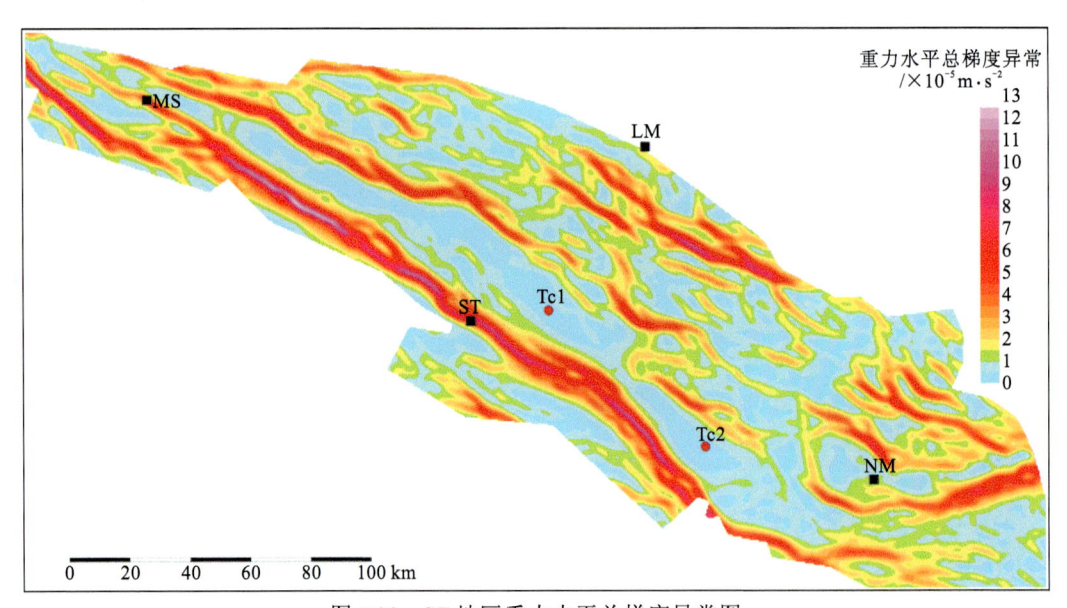

图 5.20 ST 地区重力水平总梯度异常图

ST 地区主要划分为三个一级构造单元，即南部逆冲推覆隆起带、中部断陷带和北部冲断隆起带。中部断陷带内可以进一步划分出 10 个次级构造单元，其中①～⑤、⑦、⑨为凹陷，⑥、⑧、⑩为凸起；②、③、④之间为断裂接触关系，④、⑤、⑥之间为过渡关系。后续地震勘探证实④、⑤两个断陷及内部发育有利局部构造，在重力电法和地震

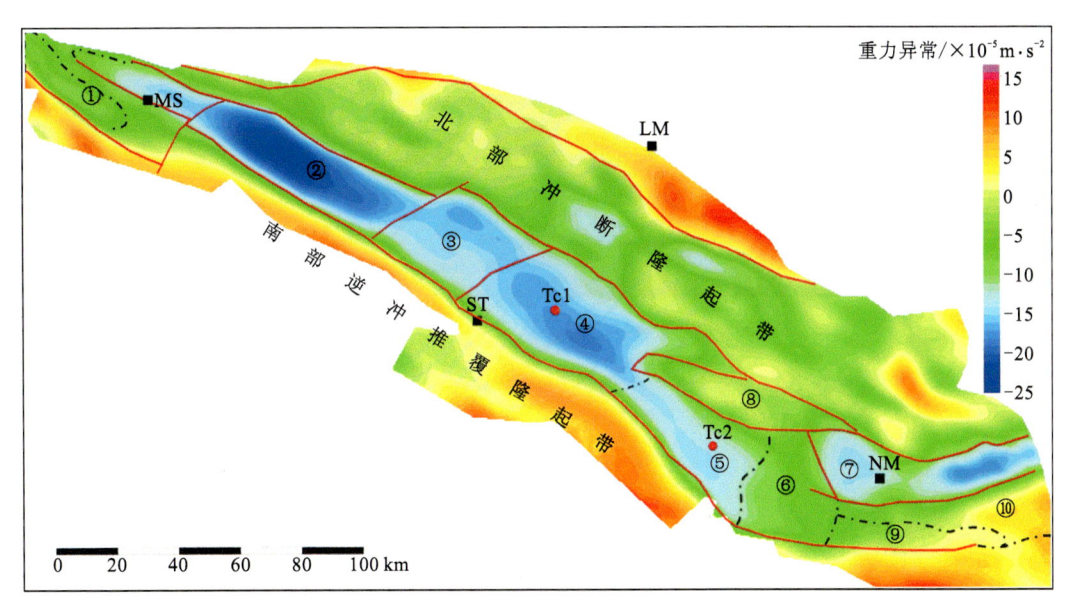

图 5.21　ST 地区构造单元划分图

资料的基础上，快速部署和钻探 Tc1、Tc2 两口探井，在侏罗系获得工业油流，获得重要勘探发现。

进入 21 世纪，为了进一步研究下二叠系油气地质问题，对重力异常进行了剖面正反演工作，结合已知钻井地层分层数据及本区地层密度特征，对模型进行了 2.5D 正演，并迭代拟合了重力异常，获得剖面地质结构和石炭系深度变化特征。在剖面 2.5D 正反演及解释的基础上（图 5.22），利用 Parker 公式法开展了由重力异常计算基底埋藏深度工作，获得了研究区石炭系顶面埋藏深度图（图 5.23），主要断陷③、④、⑤内石炭系顶面埋深分别在 8000 m、7000 m、6000 m 左右，④、⑤两个断陷区内南部逆掩推覆下盘和北部斜坡区是重要有利区。该成果进一步推动了④、⑤两个断陷区深层下二叠系勘探进程，支撑了 P_1k 的勘探发现和油气突破。

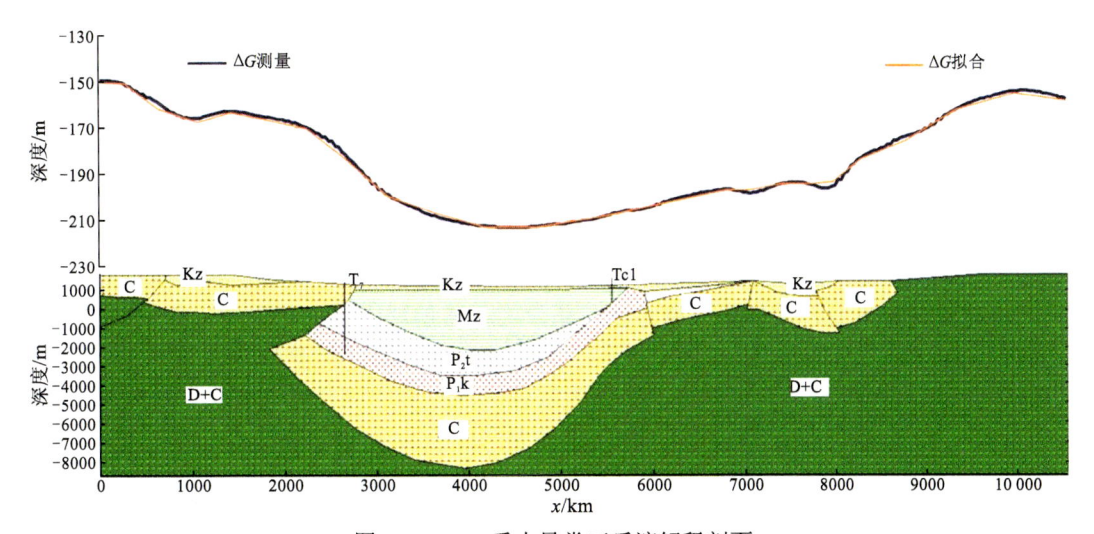

图 5.22　B-B′重力异常正反演解释剖面

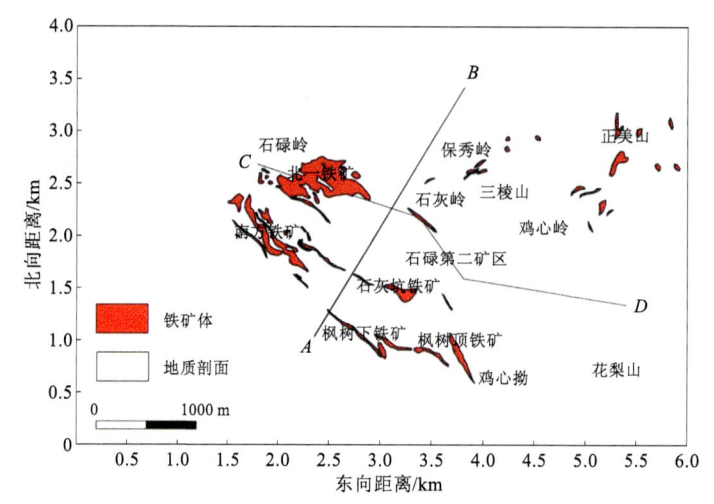

图 6.1 石碌矿区已知铁矿体位置图[据 Xu 等（2013）修编]

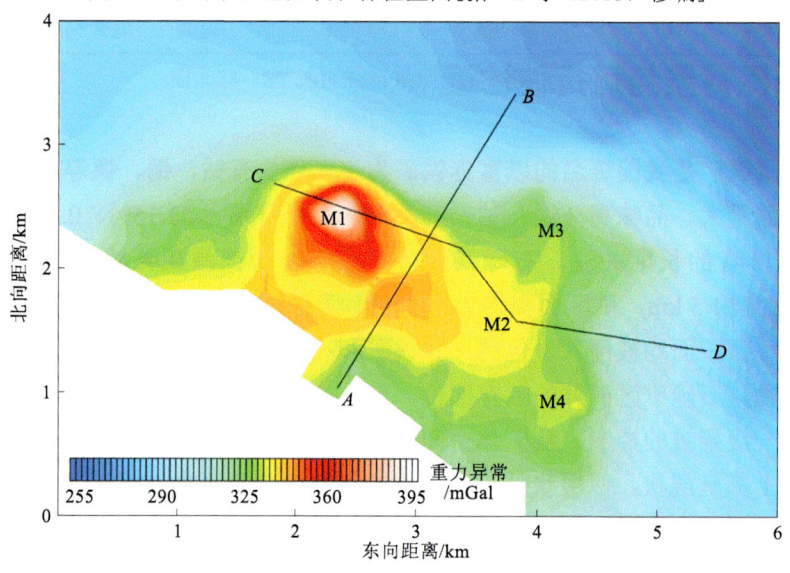

图 6.2 石碌铁矿布格重力异常

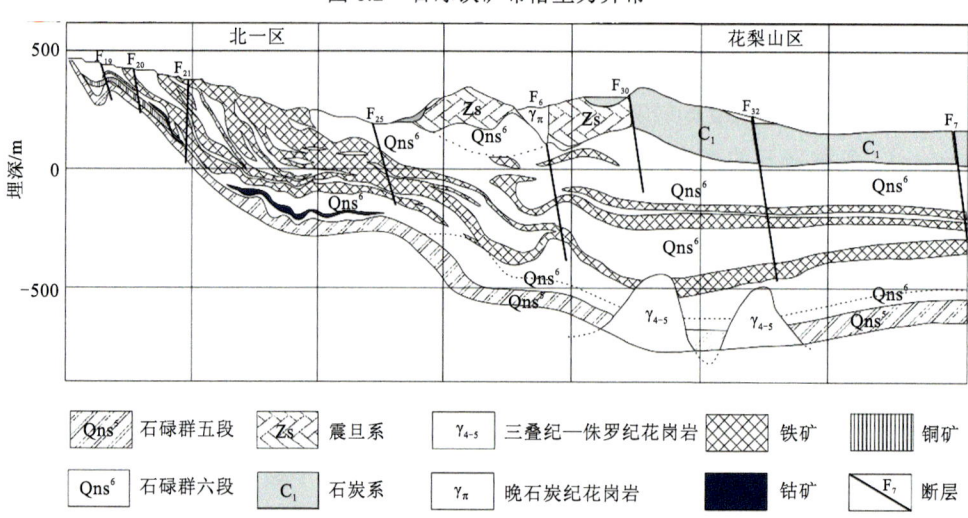

图 6.3 CD 剖面地质图（Xu et al., 2013）

6.1.2 处理效果与分析

重力异常 Tilt-depth 结果如图 6.4 所示。首先，根据布格重力异常（图 6.2）推测的 M1、M2、M3 及 M4 四个异常在 Tilt-depth 图中更加清晰，说明该方法增强深部弱异常的能力较强；此外，图 6.4 中黑色等值线为 0°等值线识别的地质体边界，深度由 45°等值线与 0°等值线之间的距离确定。

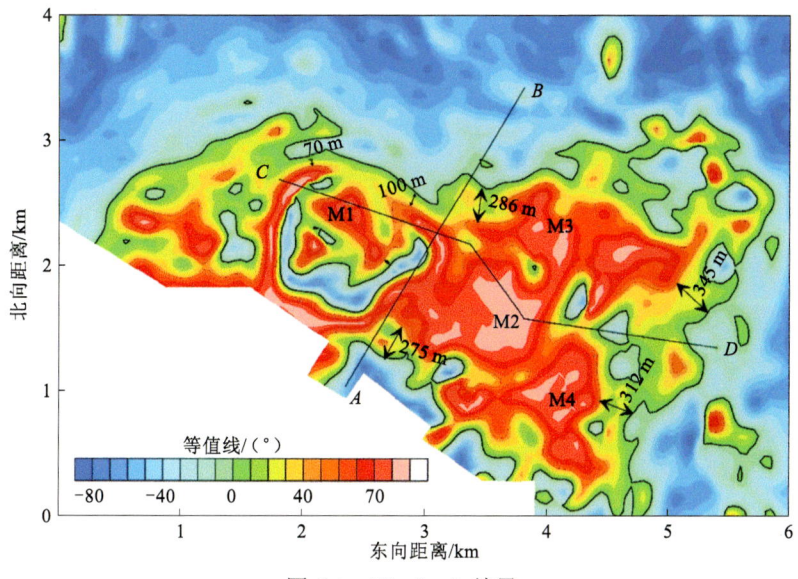

图 6.4 Tilt-depth 结果

根据区域岩矿石密度参数，结合图 6.4，推测研究区内局部重力异常主要由矿体产生。除 M1 异常由出露的矿体引起外，推断 M2、M3 及 M4 三个高异常区也应该由深部的隐伏矿体引起。Tilt-depth 反映的异常体深度由北西向南东方向逐渐加深：M1 异常区场源深度由十几米至 70 m，向南东方向过渡至 100 m 左右，至 M2 及 M3 异常区达到 270 m 左右。最后，在 M4 异常区以及 M3 异常区的东侧，场源深度达到 300 m 以上。

为验证上述结论的正确性，选择 AB 剖面进行反演解释。如图 6.5 所示，AB 剖面是根据局部钻孔信息进行 2.5D 人机交互反演的结果，该剖面显示主体矿体平均深度约为 100 m，与上述 Tilt-depth 分析深度相似。其中，图 6.5（b）中红色部分为钻孔控制的已知铁矿体，绿色部分为推断解释的铁矿体或其他高密度体。

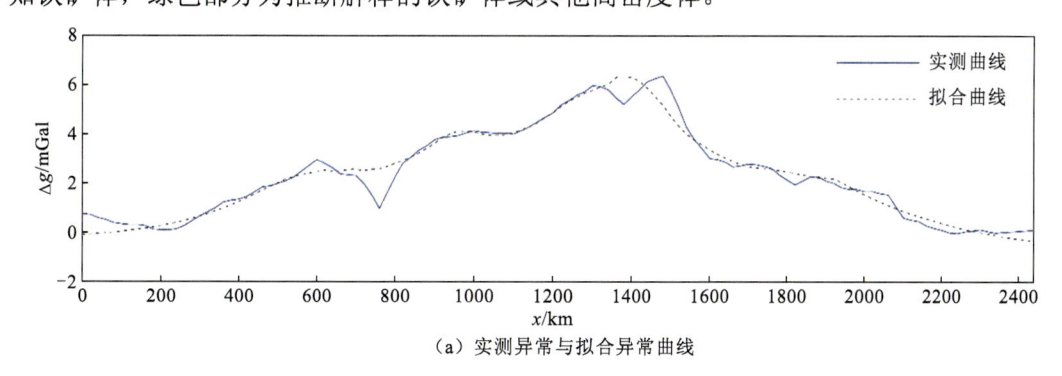

（a）实测异常与拟合异常曲线

(b) 反演得到的密度异常体断面

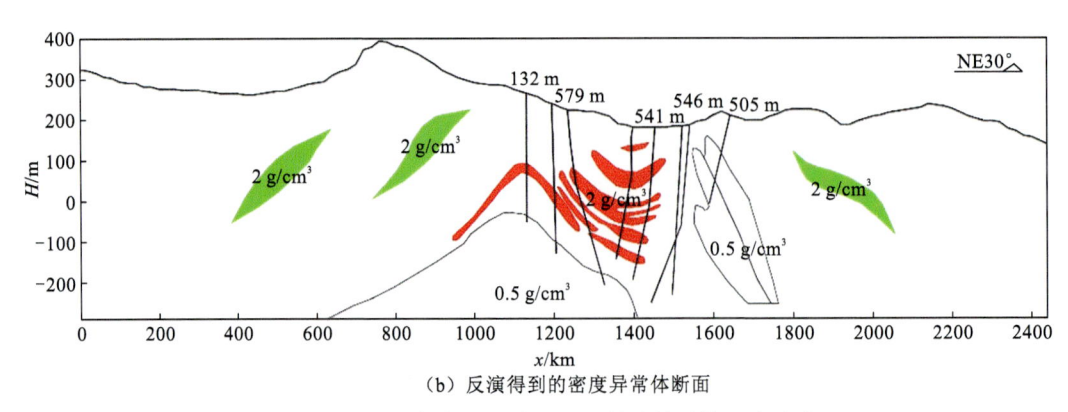

图 6.5 AB 剖面 2.5D 人机交互反演（已知铁矿体平均深度约为 100 m）

6.2 石油天然气勘探

6.2.1 勘探背景与可行性论证

三维重力反演是目前国内外重力勘探研究的重点课题，而三维重力反演的实用化仍然需要不断探索和创新，包括处理能力、计算速度和适用性（姚长利，2007）。复杂区三维重力反演具有更大的困难和挑战性，要获得符合复杂地质构造的解必须加入约束条件，如已知的井资料与可靠的地震勘探成果等，从而减少三维重力反演的多解性，利用先验信息提高三维重力反演解决复杂地质问题的综合能力。

塔里木盆地库车拗陷富含天然气资源，但它是典型的双复杂地区，大北-克深地区盐下构造更是世界级勘探难题。该区砾石广泛分布、岩性复杂、厚度不均，一方面，砾石层发育使地震浅层速度建模困难，因此砾石层是影响该区圈闭落实及层位预测精度的一个主要因素；另一方面，由于砾石层分布范围广、厚度大，胶结致密，粒径为 5~8 mm，可钻性极差，钻头憋跳严重，钻进时效较低，钻头选型难以兼顾不同岩性，磨损严重。因此搞清砾石的分布对于库车拗陷大北-克深地区圈闭落实及钻井工程十分重要。

通过对钻井揭示的 Q、N_2k、N_1k、N_1j、$E_{2-3}s$、$E_{1-2}km$、K_1bs、K_1bx、K_1s 九套层位的密度特征分析，结合岩心密度测定资料分析，整理出本区综合地层岩石密度统计特征表（表 6.1）。在表 6.1 中，新近系库车组综合密度为 2.53 g/cm³，新近系康村组与吉迪克组综合密度为 2.62 g/cm³，下古近系、白垩系、侏罗系三套地层中不考虑盐岩，综合密度为 2.55 g/cm³，三叠系、二叠系及元古宇综合密度为 2.68 g/cm³，由此该区存在三个主要的密度界面：①新近系库车组与康村组之间，密度差为-0.11 g/cm³；②上下古近系之间，密度差为 0.07 g/cm³；③中生界侏罗系与三叠系之间，密度差为-0.13 g/cm³。如果考虑下古近系盐岩，则下古近系岩盐层与围岩之间存在一大的密度差，差值达到-0.30 g/cm³，为该区最主要的密度分界面。

表 6.1　大北地区地层综合密度统计表　　　　　　　　（单位：g/cm³）

地层			岩性	变化范围	平均值	密度差
新生界		第四系	细砾岩、砂砾岩、细砂岩、粉砂岩	2.38~2.50	2.48	
	新近系	库车组	泥岩、砂砾岩、粉砂质泥岩	2.47~2.63	2.53	−0.11
		康村组	泥岩、粉砂质泥岩、砾岩	2.58~2.71	2.62	
		吉迪克组	泥岩、粉砂质泥岩、泥质粉砂岩	2.61~2.70	2.62	
	古近系	苏维依组	泥岩、粉砂质泥岩	2.54~2.63	2.55	
		库姆格列木群	泥岩、盐质泥岩、碳酸盐岩	2.52~2.56	2.53	0.07
			盐岩、岩盐、膏盐岩	2.08~2.37	2.25	
			石膏岩、泥膏岩	2.53~2.76	2.67	
中生界	白垩系	巴什基奇克组	细砂岩、泥岩	2.51~2.57	2.56	
		巴西改组	泥岩、粉砂质泥岩、泥质粉砂岩、粉砂岩	2.46~2.50	2.49	
		舒善河组	泥岩、砂砾岩、粉砂质泥岩	2.55~2.65	2.57	
	侏罗系		砂岩、泥岩、页岩、煤	2.52~2.63	2.57	0.07
	三叠系		砾岩、泥岩、泥晶灰岩	2.55~2.67	2.65	
古生界	二叠系		砾岩、砂岩、泥岩、玄武岩	2.63~2.73	2.71	
元古宇			片岩	2.53~3.31	2.78	

对砾岩的物性特征进行如下总结。

密度特征：第四系未成岩砾石密度较低，成岩度越高密度越大，古近系和新近系砾岩密度较大，由表 6.2 可以发现，随深度增加，压实作用加强，砾岩密度也逐渐变大。

表 6.2　大北地区不同地层砾岩密度、电阻率统计表

地层	样品数/个	密度/(g/cm³)			电阻率/(Ω·m)		
		最小值	最大值	平均值	最小值	最大值	平均值
Q	4045	1.92	2.68	2.47	1	1936	115
N_2k	7648	2.11	2.81	2.63	1	1959	100
$N_{1-2}k$	2369	2.32	2.80	2.70	3	1906	87
N_1j	241	2.39	2.80	2.64	5	1482	77
K	32	2.45	2.67	2.57	1	54	9

电阻率特征：①不同时代地层发育的砾岩电阻率也不同（表6.2），第四系砾岩电阻率最高，主要原因与砾石成岩程度相关。未成岩的砾石电阻率最高，在200~1000 Ω·m；已成岩的砾石电阻率一般较低，为10~200 Ω·m；准成岩的砾石电阻率较高，一般在100~700 Ω·m。②砾岩电阻率与砂泥岩、泥岩电阻率区别明显。③砾岩电阻率与砾质含量成正比，含砾成分越高，电阻率越高。

根据本区砾岩层可能发育的层位及砾岩密度情况，设计三维砾岩层模型（图6.6），第一层 $Q-N_2k$ 在600 m处砾岩层最深下拗至2000 m，地层密度为2.49 g/cm³；第二层 N_1k 砾岩层在2500 m处最深下拗至5000 m，地层密度为2.60 g/cm³；下伏地层 $E-N_1j$ 密度为2.53 g/cm³；其他地层密度界面为水平层状。

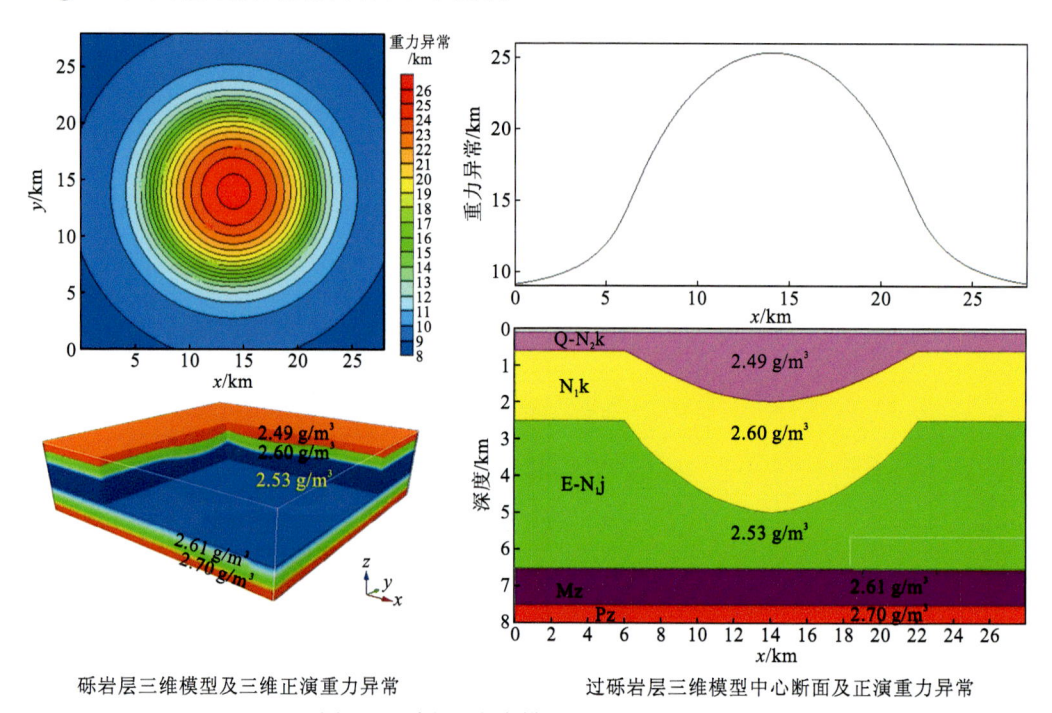

砾岩层三维模型及三维正演重力异常　　　过砾岩层三维模型中心断面及正演重力异常

图6.6　砾岩层密度模型与三维重力正演

砾岩层三维模型正演模拟结果表明，局部沉积分布的砾岩层在重力异常上有明显反映，重力勘探可有效发现研究区的砾岩层沉积分布，重力异常最大幅度可达 $14×10^{-5}$ m/s²。重力采集总精度达 $0.05×10^{-5}$ m/s²，可以有效保障砾石层研究及盐下界面研究的需要。

6.2.2　处理效果与分析

1. 三维重力密度约束反演

复杂区三维重力密度约束反演的基本思路是快速地将相对密度反演与初始密度结构建模、井约束反演相结合，以达到快速、实用化和减少反演多解性的目的。复杂区三维重力密度约束反演法的流程如图6.7所示，它的特点是无须求解大型方程组，主要算法包括以下几个步骤。

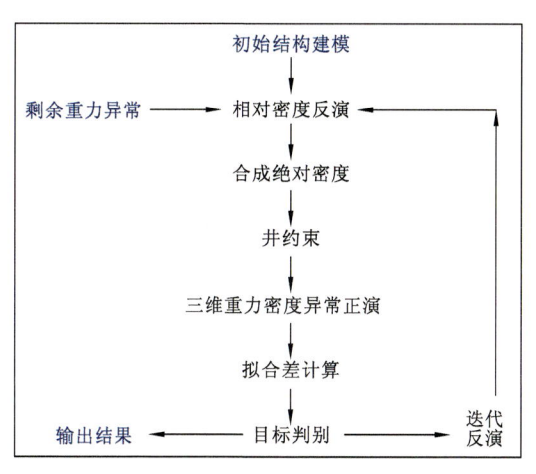

图 6.7 复杂区三维重力密度约束反演流程图

1）初始密度结构建模

利用钻井、地震（或电法）资料解释的构造图，建立对应的密度界面的网格数据，遇有逆断层则分为不同的网格数据，再结合测井密度资料，建立绝对密度的初始三维密度模型（σ_0）。

2）快速相对密度三维反演

（1）标准几何格架三维正演。在下半空间按长方体剖分规则下，地下某一体元 j 在观测点 $P(x, y, z)$ 的重力异常为

$$\Delta g_j(x, y, z) = \sigma_j S_j(x, y, z) \tag{6.1}$$

式中：$S_j(x, y, z)$ 为几何格架，可表示为

$$S_j(x, y, z) = G \sum_{l=1}^{2} \sum_{m=1}^{2} \sum_{n=1}^{2} (-1)^{l+m+n} \cdot \left\{ (x_l - x)\ln[(y_m - y) + R_{lmn}] \right.$$
$$\left. + (y_m - y)\ln[(x_l - x) + R_{lmn}] + (z_n - z)\tan^{-1}\frac{(z_n - z)R_{lmn}}{(x_l - x)(y_m - y)} \right\} \tag{6.2}$$

式中：G 为万有引力常数；$R_{lmn} = \sqrt{(x_l - x)^2 + (y_m - y)^2 + (z_n - z)^2}$；$j$ 为第 j 个单元模型的密度。

几何格架是按一定规则剖分的几何空间。如图 6.8 所示，以研究区下半空间为几何格架时，对于不同的测点（P_1 和 P_2），存在几何格架计算量不一致的问题。重力异常计算值与地下几何体对计算点所呈的立体角有关，显然，图 6.8 中 P_1 和 P_2 两点对于研究区下半空间为几何格架的立体角是不等的，故必然会引起两者的场值计算值不同。因而，有必要建立一个标准的几何格架体，不同测点正演时均采用该标准几何格架体，使不同的测点重力正演的立体角彼此一致。

本小节建立的标准模型几何格架为一对称的、包含大量独立几何格架单元的巨型长方体，其水平范围的半边长是反演深度（m）的 2 倍，其水平面的 4 个边长相等，而深度范围与反演深度相等；同时，其内部剖分出的各个几何格架单元长方体各边的边长与下半空间剖分的单元长方体的边长相等。

度，效果显著。大北地区地表海拔为 1300～2200 m，为复杂山地，砾岩和盐岩尤其发育，钻井及地震勘探存在困难，为探索中浅层物性分布、研究地震速度及古近系盐下构造特征，部署了三维重磁电勘探。

三维重力约束反演采用复杂区三维重力密度约束反演法，在了解掌握钻井、地质、地震等资料的基础上，结合三维电法反演结果及重力异常特征，对重力异常进行三维密度反演，反演深度为 12 000 m。三维立体模型剖分为 x 方向与 y 方向等间距、z 方向间距为 x 方向间距的一半，剖分单元为 500 m×500 m×250 m。反演采用多次迭代逼近的方式，并采用密度极值约束，密度上下界分别取 0.40 g/cm³、-0.40 g/cm³。三维反演模型节点数为 227×85×50，使用的计算机主频为 3.0 Hz，反演计算耗时约 50 min，反演速度较快。

图 6.10 是三维物性反演重力异常拟合对比图，其中图 6.10（a）为实测剩余重力异常，图 6.10（b）为三维反演重力异常拟合。可以看出，重力异常拟合程度较高。图 6.11（a）为三维重力反演求解得到的三维密度立体图，蓝色对应低密度盐岩或表层低密度体，红色对应高密度体（砾岩层或前中生界），黄色代表相对高密度体。图 6.11（b）为转换得到的三维速度立体图。

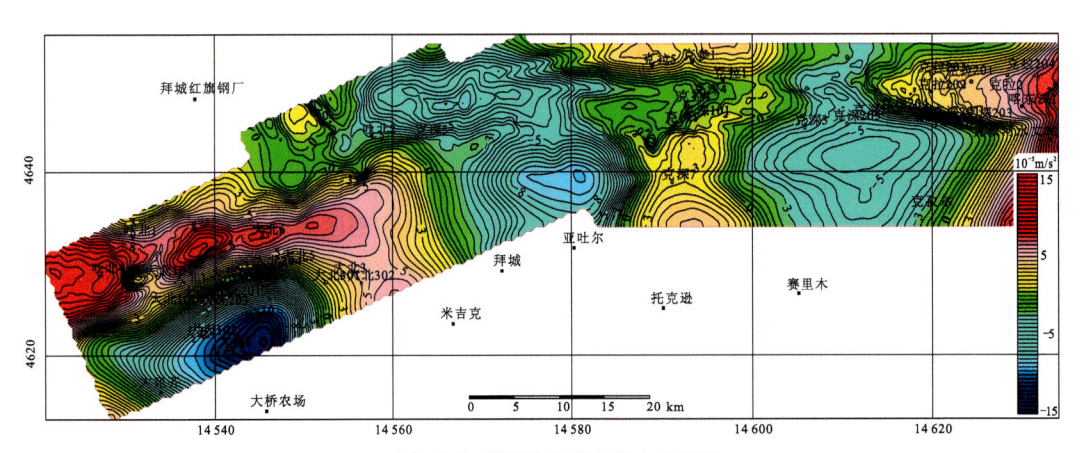

(a) 大北-克深连片剩余重力异常图

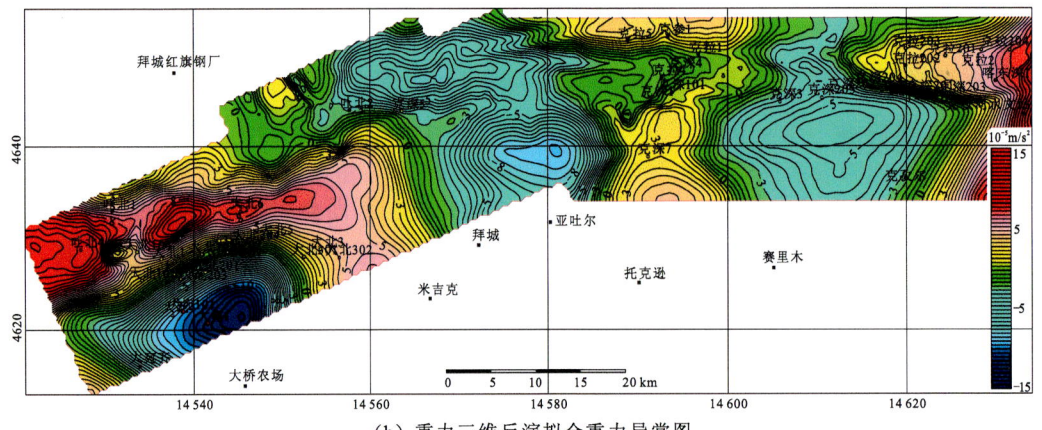

(b) 重力三维反演拟合重力异常图

图 6.10　三维物性反演重力异常拟合对比图

·114·

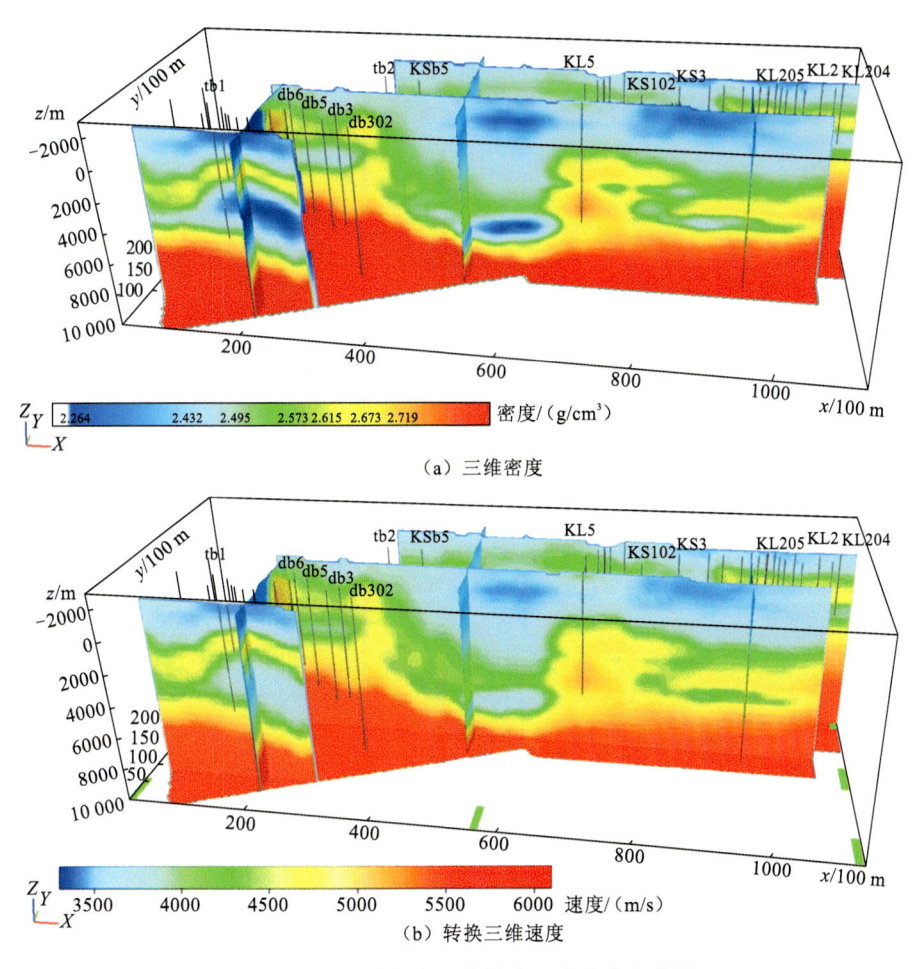

(a)三维密度

(b)转换三维速度

图 6.11 三维密度及其转换三维速度立体图

图 6.12 是 D6 井区盐下构造对比图，由图可见，使用三维重力约束反演后 D6 井处构造变化较大，高点已不存在，且界面深度低了 1000 m，这与上覆高密度、高速度砾岩层分布有关，其密度、速度比围岩分别大 0.2 g/cm³、1400 m/s 左右，而且厚度达到 2000 m 以上。该成果得到了 D6 井钻探证实，盐底界面较钻前预测深了 1104 m。

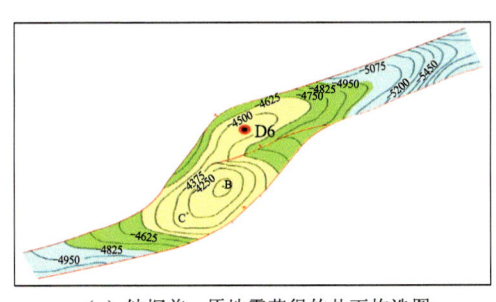

(a) 钻探前、原地震获得的盐下构造图　　　　(b) 使用三维重力反演转换速度后的盐下构造图

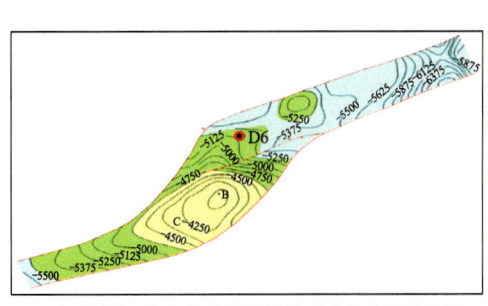

图 6.12 D6 井区盐下构造对比图

图 6.13 是该区钻井盐顶深度对比图，图中棕色柱为钻前预测深度，灰色柱为实钻深度，红色柱为误差，图 6.13（a）是应用三维重磁电成果前的盐顶深度对比图，图 6.13（b）是应用三维重磁电成果后的盐顶深度对比图。可见，应用三维重磁电成果后的盐顶深度预测精度大大提高，应用前的最大误差为 1104 m，应用后的最大误差只有 124.5 m。

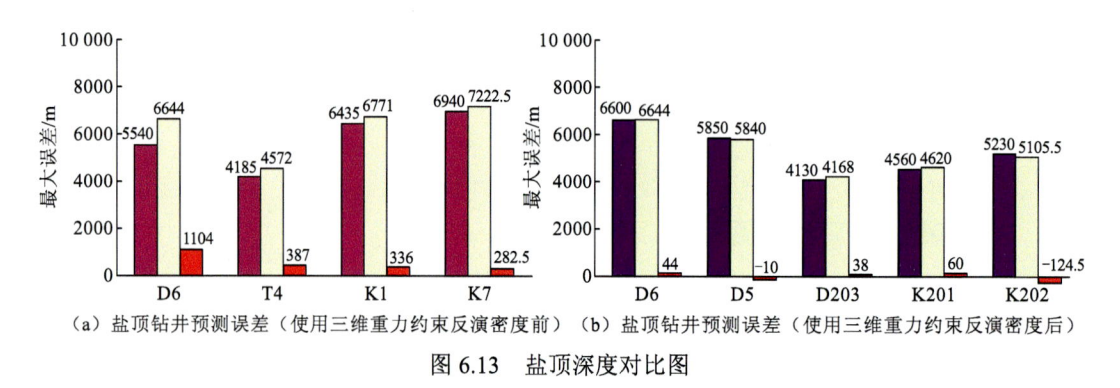

（a）盐顶钻井预测误差（使用三维重力约束反演密度前） （b）盐顶钻井预测误差（使用三维重力约束反演密度后）

图 6.13 盐顶深度对比图

6.3 陆地水变化监测

6.3.1 研究背景

地球水圈系统（以气态、液态和固态三种形式分布于空中、地表和地下）质量迁移因其能够提供有关现代气候循环和气候变化的重要信息（Tapley et al.，2019），监测固体地球对水质量变化的各类响应（重力、形变及各圈层相互作用）及其驱动机制（气候变暖、振荡与异常）研究引起了人们的极大兴趣，研究范围涉及地球物理学、大地测量学、水文学、冰川学和海洋学等多个相关学科及交叉领域。在诸多地球表面过程中，陆地水储量（terrestrial water storage，TWS）是全球水循环的重要组成部分，是降水、蒸发（包括蒸腾）、径流和地下水等活动过程的综合反映。在给定区域内，TWS 代表地下水、土壤水及地表水（包括地面积雪、河流、湖泊和水库水量）的总和。TWS 变化对人类生存与发展都起到至关重要的作用，并通过一系列复杂过程和反馈机制，调控并反映着全球气候变化（Yang et al.，2015）。因此，为充分认知陆地（含冰冻圈）-海洋-大气等各圈层之间的质量迁移与交换过程，开展全球、区域及局部 TWS 变化及其驱动因素的研究，进而加深对气候变化的理解，一直也是近年来全球热点关注的课题。

地球重力场是随时间变化的，变化周期范围从几秒至一年以上，如图 6.14 所示。高精度连续重力测量所获得的不同时间尺度的重力变化，可用于揭示地壳均衡、地壳形变、冰后回弹、自由振荡等地球的动力学过程，以及与人类活动相关的重力场时变成因。利用高精度重力测量确定的时变重力场是目前研究陆地水质量变化的直接有效手段（van Camp et al.，2017）。进入 21 世纪以来，随着重力观测技术的进步，地面时变重力观测逐渐受到重视，并被逐渐应用于水资源的评估与监测、能源开发和过程监测、火山地区的地下岩浆和火山喷发前后的物质迁移、海底潮汐重力及压力变化，以及地表大型水库与湖泊水体质量物质迁移等（韩建成 等，2022；王林松 等，2016）。近二十年，GRACE卫星对研究地表系统质量迁移产生了革命性的影响（Tapley et al.，2004；许厚泽，2001；Wahr et al.，1998），其后续任务 GRACE-Follow-On（FO）卫星延长获取月变化的重力场模型，继续促进了人们对时变重力场的了解（宁津生 等，2016）。以上事实表明，卫星重力能够提供区别于传统水文或气象学观测技术的重要手段，已逐渐成为研究全球水质量平衡的主要途径（Scanlon et al.，2015）。

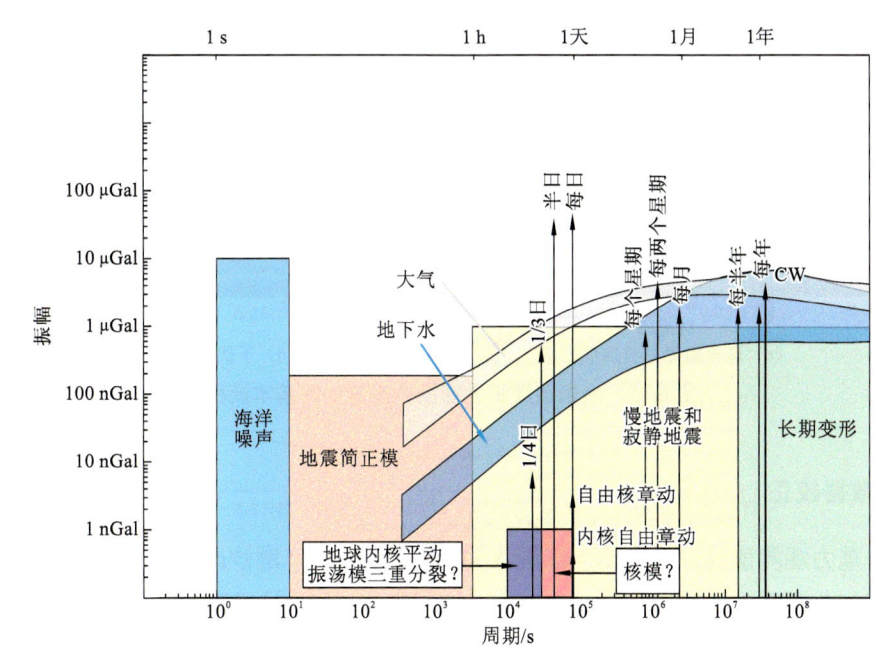

图 6.14 地球动力学效应引起的地表重力变化（韩建成 等，2022）

6.3.2 处理效果与分析

1. 地表连续重力监测陆地水变化

研究陆地水变化的重力观测信号目标为扣除潮汐、大气等已知信号后的重力分量，统一称为重力残差。为识别陆地水变化过程中产生的重力效应，首先需要对重力观测数据进行一系列预处理与校正。

1）数据预处理

在连续重力仪记录重力信号的过程中，不可避免地会记录下地震、仪器掉格等干扰信号。在不影响观测分析结果精度的前提下，应该尽可能地将各种干扰删除，即需要对数据进行预处理。基于不同干扰信号的特征，预处理将原始观测数据中的干扰分成四类：

3）连续重力监测陆地水分析

利用地表重力仪的长期高质量重力观测记录，可在小尺度范围精密观测陆地水变化对时变重力信号的影响。国内外学者对连续重力观测数据进行处理，信号成功记录到水负荷变化信息，并强调地下水位监测对时变重力数据解释的重要性。Boy 和 Hinderer（2006）通过季节性重力变化，发现超导重力残差中的信号与地下水有很强的相关性。Harnish 和 Harnish（2006）对 12 个超导重力观测数据与水文观测记录对比分析发现，地下水和降雨对台站处重力变化的贡献可达 10 μGal，影响周期可达数月。韦进等（2012）利用武汉九峰地震台超导重力仪 SGC053 超过 13 000 h 连续重力观测数据，在改正连续重力观测数据的潮汐、气压、极移的影响后，准确地观测到 2009 年夏秋两季由于水负荷引起的重力变化。佘雅文等（2015）对安置于十三陵地震台的两台 gPhone 重力仪（109号和 118 号）在 2013 年 4~8 月的连续观测数据进行潮汐分析和提取重力残差处理，结果表明，gPhone 重力仪可以监测到降水导致的微伽量级的重力变化。马险等（2017）利用两年多的 gPhone 连续重力观测数据，成功地监测到了三峡库区的蓄水重力响应，并对不同阶段的蓄水重力响应特征进行了分析。

区域降水、蒸发及土壤水变化通常被认为是造成连续重力观测台站重力残差变化的重要水文分量（贺前钱，2019；Kazama et al.，2012）。从图 6.17 可以看出，台站区域陆地水储量变化是引起台站重力残差变化的影响因素。对比秭归气象台站（距离重力台站仅数百米）实测净降水量（累积总降水量减去累积总蒸散量）数据（图 6.17 中绿色线）可以发现，重力残差的变化主要与区域降水与蒸散水文过程相关，但二者存在一定的相位差。单独从秭归气象台站日降水量数据（图 6.17 中蓝色柱状图）来看，重力残差的局部高频扰动主要是由台站周边降水过程引起。

2. GRACE 重力卫星监测陆地水变化

GRACE 卫星能探测地球重力场变化，这些变化中包括但不限于：冰盖、冰川质量变化，海洋物质交换，表层、深层洋流变化，陆地地表及地下径流变化，以及地球内部质量变化等。其主要科学目标包括：更好地了解洋流和海洋热输送，测量海底压力的变化，研究海洋质量变化，测量冰盖和冰川的质量平衡，监测各大洲水、雪储量变化等。官方发布的 GRACE 重力卫星的数据产品主要包括 5 个级别，分别是 Level-0、Level-1A、Level-1B、Level-2 和 Level-3。Level-0 数据是原始的卫星观测数据，包括卫星对地球引力场的测量结果，以及其他传感器记录的环境参数，这些数据还没有进行任何处理或校正。Level-1A 数据是对 Level-0 数据进行可逆校准和时间标记的结果，这些校正包括对时间、空间和卫星轨道的修正，以及对观测结果的初步质量控制，Level-0 数据和 Level-1A 数据是不对外公布的。Level-1B 数据是对 Level-1A 数据进行编辑、改正时间标记等不可逆处理过程的结果，包括 K 波段测距、非引力加速度和卫星轨道等产品，这一级别的数据已经经过了更严格的校正和精度提升。数据通过进一步处理可转化为球谐系数形式，记为 SH（spherical harmonics）数据，即 Level-2 数据，包括大地水准面模型、高频大气模型、高频海洋模型、全球大气海洋模型和海洋部分大气海洋模型等数据产品。Level-3

数据包括 SH 生成的全球网格数据集，以及由美国喷气推进实验室（Jet Propulsion Laboratory，JPL）、美国空间研究中心（Center for Space Research，CSR）和美国宇航局哥达航空中心（Goddard Space Flight Center，GSFC）发布的 Mascon（mass concentration）数据产品，这是一种完全不同于球谐系数形式的 GRACE 产品，是使用 Mascon 法反演得到的结果。

1）数据后处理

在表示地球重力场的球谐系数中，一阶项主要是用于表示地球质心位置的改变，但是 GRACE 卫星所采用的坐标系是以地球质心为中心的，因此不能提供质心相对位置的变化，也就不能提供较为准确的一阶项值，那么可引入新的一阶项系数用以改正（Swenson et al.，2008）。此外，GRACE 卫星二阶项也需要替换。二阶项系数突显地球背景场，而由于轨道高度和几何构型，GRACE 卫星对描述背景场信息的二阶项不敏感，其提供的二阶项存在较大的误差，而忽略二阶项会对质量变化和大地水准面高程的估算带来较大的影响。因此，可用其他方法（如卫星激光测距）得到的二阶项数据替换。

由于进行了可能导致信号泄露的空间滤波，还需要考虑对泄露误差进行改正。空间滤波会使用加权平均来平滑数据，而这一过程将会导致周围点的信号"泄露"到计算点。当计算点信号偏小，周围点信号较大时，如陆海边界地区，这种"泄露"影响会表现得更明显。在研究区域陆地水变化时，需要进行信号恢复，具体步骤如下所示。

（1）对公布的 GRACE 球谐系数做预处理、去条带滤波及合适半径的高斯滤波，并将得到的球谐解转化为全球等效水柱高的网格数据。

（2）将网格数据中的海洋部分值设为零，只保留陆地值并对其球谐展开，从而生成新的、只关于陆地质量的球谐系数。

（3）对新的球谐系数进行合适的高斯平滑，并再次将其转化为网格数据，此时海洋部分的值即可认为是陆地部分对海洋的泄漏误差。

（4）基于步骤（1）中得到的全球等效水柱高网格数据，将其海洋部分的结果减去步骤（3）中得到的对应网格值，即可获得扣除泄漏误差后的新结果。

2）GRACE 监测陆地水分析

传统的监测陆地水变化方式包括地面测量、水文模型模拟和卫星遥感等，这些方法均存在一定的局限性：一方面，地面观测虽可以直接获取较高精度的气象、水文等观测数据，但建设和维护地面观测站系统的成本高、难度大，尤其是在自然环境恶劣、基础设施落后的地区；另一方面，地面观测点只能监测到小尺度、小范围区域的陆地水文要素（如降水、径流、蒸散发等）变化，不能反映整个流域及更大区域的陆地水时空变化特征（Voss et al.，2013）。水文模型模拟过程中复杂的参数标定过程和模型偏差导致水文模型存在较大差异，且部分地区观测数据匮乏，因此模型模拟结果存在较大不确定性，需要利用多源观测数据对其结果进行验证。卫星遥感技术提供了监测陆地水变化的新手段，可用于监测土壤水、蒸散发和地表水等水文要素的变化，但其光学影像受到低云层覆盖的限制，且微波传感器只能监测到有限深度内土壤水的变化信息（Immerzeel et al.，2009）。

利用重力变化监测陆地水储量变化近年来已经在大地测量领域受到广泛关注，面对上述传统监测方式的局限性，重力测量为大范围监测陆地水储量变化提供了重要参考。随着重力学理论与应用的发展和重力测量科学与技术的进步，卫星重力测量技术应运而生，其具有覆盖率广、对大尺度质量迁移敏感的优点，为监测和研究全球和区域陆地水储量变化提供了一种独特的观测手段。

GRACE 卫星是由美国航空航天局和德国地球科学研究中心共同研制的一组低轨卫卫跟踪重力卫星，其目的在于监测地球的时变重力场，是监测地球系统内大尺度质量迁移以及再分布的重要手段（Tapley et al., 2004）。GRACE 卫星于 2002 年 3 月成功发射，设计寿命为 5 年，实际在轨运行超 15 年，于 2017 年 11 月结束使命。GRACE-Follow-On 卫星（图 6.18）于 2018 年 5 月顺利升空，继续执行时变重力场观测任务。基于 GRACE 卫星观测数据反演陆地水变化主要有两种方式：一是球谐系数法反演，根据 GRACE 卫星解算得到的重力场球谐系数对地球重力场进行恢复，进而对地表质量变化进行反演；二是 Mascon 方法反演陆地水储量变化，主要是利用 GRACE 卫星之间的距离变化率观测数据反演地球重力场变化。

卫星时变重力反演陆地水储量变化相关理论方法，最初是 Wahr 等（1998）详细论述了利用地球时变重力场估算地表质量迁移、海面高程变化等方法，并对去除海洋、大气以及固体地球潮汐的影响进行了探讨。Swenson 和 Wahr（2002）论述了利用 GRACE 卫星观测数据解算全球陆地水变化的方法，并简要地探讨了对 GRACE 观测数据进行处理和优化的必要性。Wahr 等（2004）根据 11 个月的 GRACE 卫星数据反演了全球水储量变化，探讨了不同高斯滤波半径对信号的影响（图 6.19）。

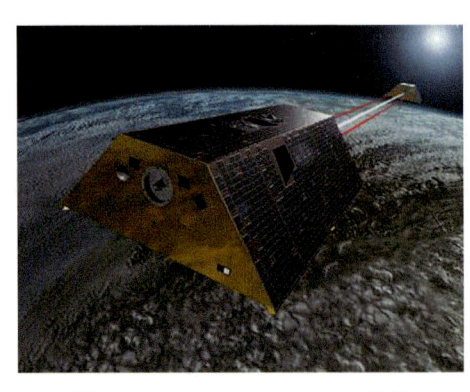

图 6.18　GRACE-Follow-On 卫星 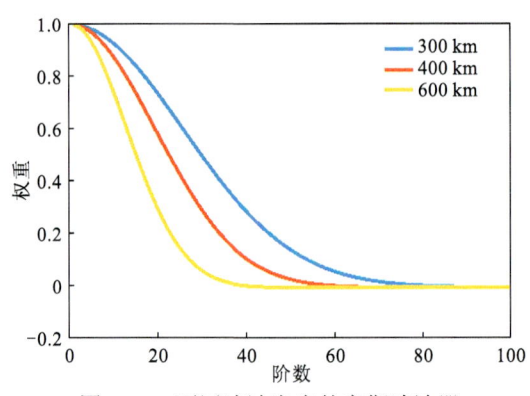　　　　图 6.19　不同滤波宽度的高斯滤波器

GRACE 卫星时变重力观测作为一种空间大地测量手段（采用了近极低轨道星载 GPS 跟踪、非保守力加速仪及高精度的星间测距技术等），可对地球进行全天候、高覆盖率和周期性的观测，显著提高了时变重力场观测的精度和时空分辨率（Tapley et al., 2004）。

GRACE 卫星解算得到的地球时变重力场在季节和年际尺度上主要反映的是陆地水储量的变化信息。GRACE 重力位模型扣除潮汐（固体潮、海潮和地球自转产生的极潮）和非潮汐（大气、海洋）的影响，剩余信号则主要反映地球表面非大气、非海洋的变化信息，在陆地区域则主要反映陆地水储量的变化信息（Hu et al., 2006）。因此可以利用

GRACE 卫星时变重力场数据，对全球和区域陆地水储量变化进行分析。为陆地水储量变化研究提供了新思路，推动了水文科学领域的蓬勃发展。

GRACE/GRACE-Follow-On 卫星对全球重力场已进行了近 20 年的连续观测，相关数据处理方法不断发展，GRACE 卫星观测数据的有效精度不断提高。相关领域学者为了更深刻地了解陆地水资源储量变化及人与自然对其变化的影响，利用 GRACE/GRACE-FO 卫星观测数据对陆地水变化进行监测，取得了丰硕的成果，主要聚焦在大型流域、极地冰川和典型区域的陆地水储量变化等方面。在区域及流域尺度上，国外相关研究大多聚焦于美国大平原和高原山地、印度西北部、密西西比河和亚马孙河等大河流域；应用 GRACE 时变重力场数据开展陆地水变化分析在国内也有大量研究，大多聚焦于长江、黄河等流域，以及三峡地区、华北平原和青藏高原等特殊地区。

Tapley 等（2004）基于 GRACE 卫星数据观察到亚马孙流域陆地水的季节性变化。Zeng 等（2008）将 GRACE 卫星数据计算得到的亚马孙流域和密西西比盆地的陆地水储量与水平衡方法计算的结果相比较，发现二者十分吻合。Chen 等（2009）成功利用 GRACE 时变重力场数据监测到了亚马孙流域 2005 年的干旱事件和 2009 年的洪涝事件（图 6.20）。Rodell 等（2007）将 GRACE 时变重力场数据得到的陆地水储量变化减去根据全球陆地数据同化系统（global land data assimilation system，GLDAS）水文模型得到的土壤水变化得到了密西西比河流域范围内的地下水储量变化。Rodell 等（2009）将 GRACE 卫星数据和 GLDAS 水文模型结合研究印度北部地下水储量变化，发现在 2002~2008 年该区域地下水存在明显的亏损，达 40 mm/年，分析是由印度西北部地下水的过度开采所致。Tiwari 等（2009）基于 GRACERL04 数据反演了印度北部地区 2002~2008 年的地下水变化情况，发现该区域是全球地下水速率下降最快的地区。Long 等（2016）利用前向约束模拟法估算了印度北部地下水长期变化，发现该方法计算结果更加接近地下水位计实测结果，并指出当前 GRACE 卫星数据不同后处理方法带来的不确定差异较大。

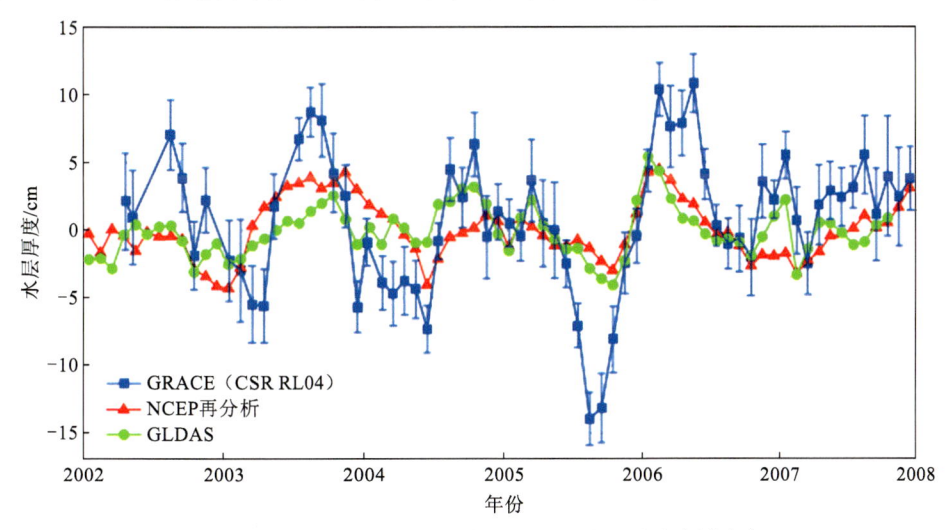

图 6.20 GRACE、NECP 和 GLDAS 对亚马孙流域中部
非季节性陆地水储量变化的监测（Chen et al.，2009）

NCEP 为美国国家环境预报中心（National Centers for Environmental Predication）

6.4.2 采集处理效果与分析

1. SB气藏采集处理效果

为了提高时移微重力观测精度和提高时移微重力观测的一致性，采取以下方法。

（1）重力仪使用前，先统一所有参加施工重力仪的仪器角架高度。

（2）在每个期次的测点采集前，先确定全测区内统一使用的重力基点。

（3）固定场长基线技术（图6.31）。时移微重力基点建造为固定水泥桩，固定场长基线长度在30 km以上，选择在远离气藏开发区的地方。重力异常计算归一到稳定基线的远端稳定基点。

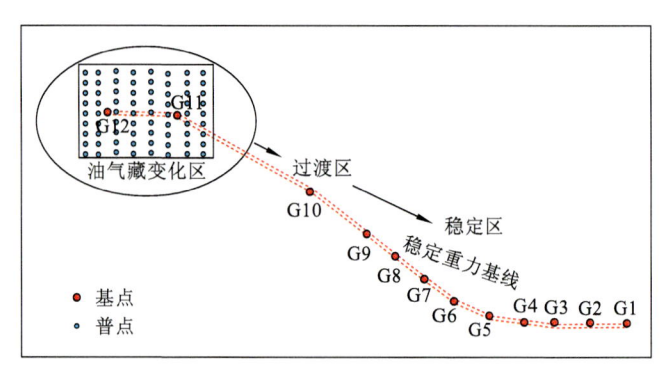

图6.31 固定场长基线示意图

（4）固定场普点技术。时移微重力的普点建造为固定水泥桩，每次观测均在固定水泥桩上进行。

（5）正交复测技术。重力普点观测时采用正交重复观测，即先沿某一方向对普点观测一遍，然后再沿其垂直方向对普点观测一边，每个普点均有两次独立路线的观测结果，普点的重力值取两次观测结果的平均值。

图6.32是没有采用上述方法之前观测的时移微重力的结果，它是2008～2009年的时移微重力增量。由于每个期次采集时只是采用常规技术，且仪器之间也未进行必要的统一高度和基点使用的限制，该图所示的时移重力增量异常的误差被放大，重力增量异常面貌较乱，数据的规律性差。局部还存在沿测线方向的系统误差，如工区中部的北西向重力异常、工区南部和北部的北东向重力异常，它们均是沿测线方向展布的。因此，该数据很难用于研究气藏的开发变化。

针对图6.32中出现的问题查找了各方面的误差因素，提出多项技术改进，为提高时移微重力观测精度和提高不同年度监测的重力数据一致性奠定了基础。

2011年之后，采用了上述新的方法技术，时移重力监测工作分2011年、2012年、2013年进行，部署微重力勘探剖面长180 km，测线19条，线距0.5 km，点距0.2 km，全区共部署微重力坐标点919个。采用两台CG-5型重力仪观测，进行正交复式观测和面元复式观测；重力稳定基点12个，重力基线长40 km；微重力检查点92个。时移微

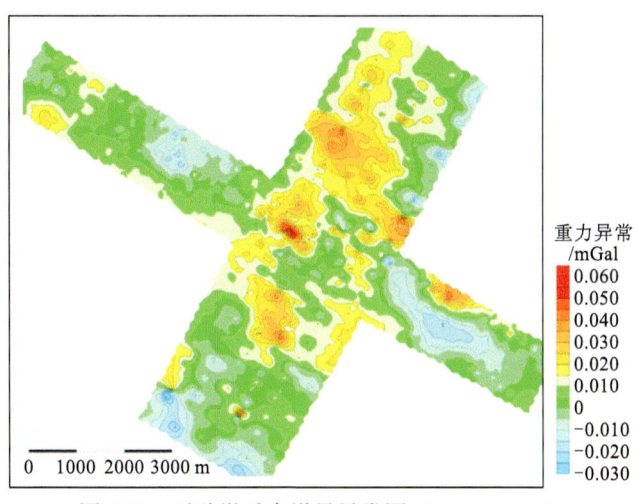

图 6.32　时移微重力增量异常图（$g_{2008}\sim g_{2009}$）

重力监测时间为 2011 年 7 月、2012 年 8 月、2013 年 7 月。三个年度的时移重力观测部署在相同的气候月份，以降低大气变化引起的时移重力场变化。时移微重力观测精度分别达到±0.011 mGal、±0.010 mGal、±0.011 mGal。

GPS 测量各项精度：测点平面中误差 M_x = ±0.04 m，M_y = ±0.04 m，测点高程中误差 M_h = ±0.02 m。三个年度的测地成果没有发现有规律的或有趋势的高程变化，表明气藏开发尚未引起明显的地形形变。

采用新技术后获得了 2011～2012 年、2012～2013 年、2011～2013 年三个时段的时移微重力增量异常（图 6.33～图 6.35）。采用新技术后获得的时移微重力增量异常的面貌呈现出较好的规律性和时移重力监测前后之间的延续性，如图 6.33～图 6.35 所示，工区中部均存在升高的时移重力增量异常，位置对应，面积基本相当，时移重力增量异常的幅度也较为接近。

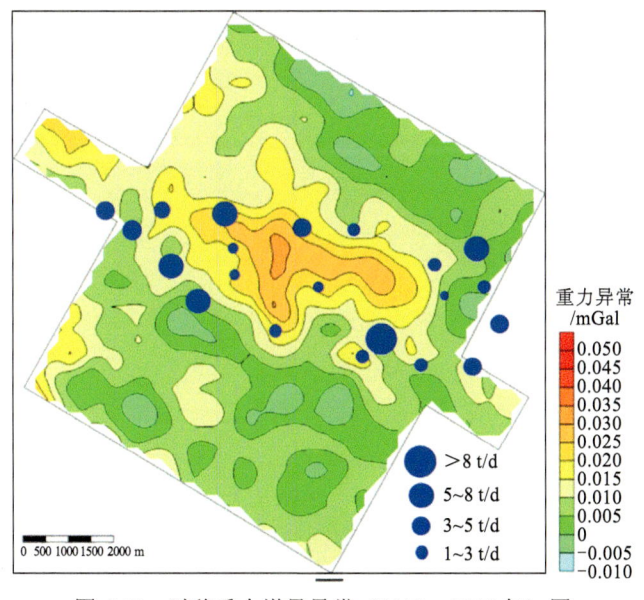

图 6.33　时移重力增量异常（2011～2012 年）图

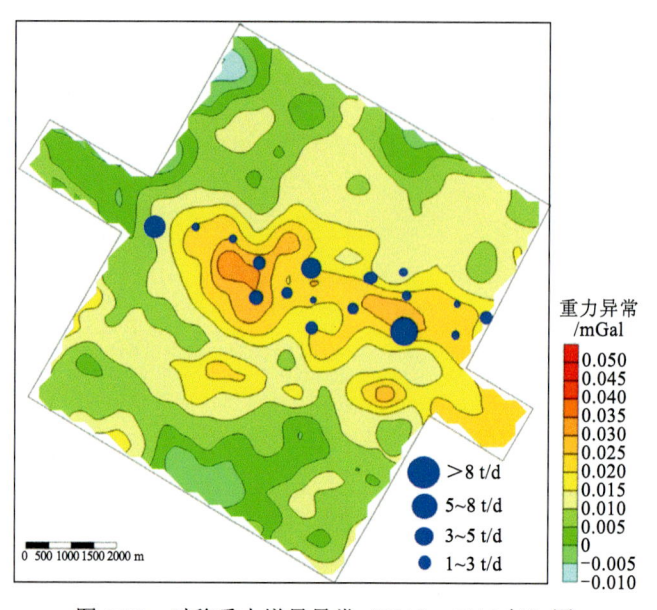

图 6.34 时移重力增量异常（2012～2013 年）图

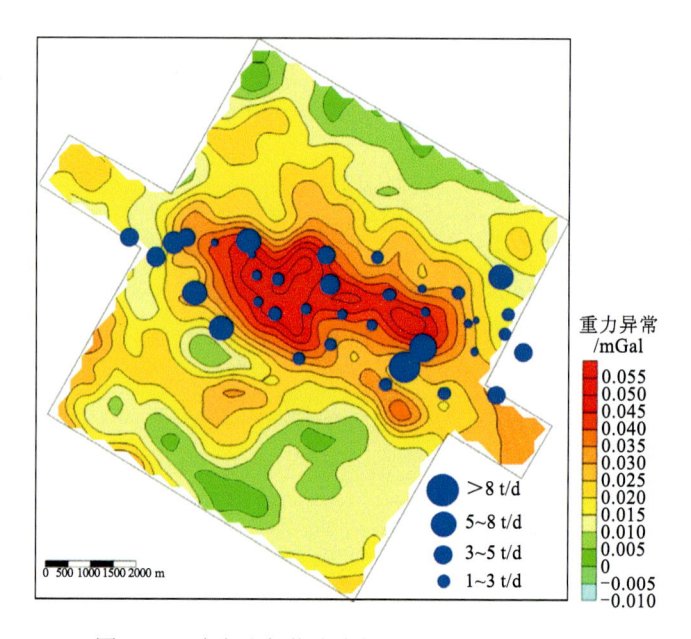

图 6.35 时移重力增量异常（2011～2013 年）图

图 6.33 是 2011～2012 年的时移重力增量异常图，由图可见，2011～2012 年的时移重力增量异常最低值在-0.005～0 mGal，最大值在 0.030～0.035 mGal；重力增量异常在平面分布上具有明显的宏观规律性，在测区中部存在一个明显的重力异常升高，异常呈北西向展布，围绕着该重力高分布着一圈重力低，重力高中部梯度较缓，黄色与橙色之间的过渡带则表现为重力异常的梯度略大。由图 6.33 可见，出水量大于 3 m³/d 的井均分布在重力增量异常高与重力增量异常相对低的过渡带上，其外围的重力增量异常值一般在 0～0.010 mGal，且平面上变化平缓。由此可见，气藏开发引起了明显的时移重力增量

异常升高，重力增量异常高形态与出水量大的出水井的分布存在明显的相关关系，由此推测，重力增量异常高与气藏边水推进有直接的关系。

图 6.34 是 2012～2013 年的时移重力增量异常图，由图可见，2012～2013 年的时移重力增量异常最低值在-0.010～-0.005 mGal，最大值在 0.030～0.035 mGal；该重力增量异常在平面分布上具有明显的宏观规律性，在测区中部存在一个明显的重力异常升高，异常呈北西向展布，该重力高周围大部分区域较为平缓。与图 6.33 相似的是，图 6.34 中部的重力增量异常黄色与橙色之间的过渡带的梯度明显；而与图 6.33 略有不同的是，图 6.34 的中央重力增量高异常带有 2 个极值高点，在中央重力高的南部有两个小规模的、低幅度的时移重力增量异常高。图 6.34 中时移重力增量异常的黄色等值线面积较图 6.33 向东突出，异常幅值弱、规律差，可能与重力观测误差有关。由图 6.34 可见，出水量大于 3 m³/d 的井均分布在重力增量异常高与重力增量异常相对低的过渡带上，而与图 6.33 相比，一些出水量大的出水井则没有显示（已被关闭）。由图 6.34 可见，气藏开发引起了明显的时移重力增量异常升高，重力增量异常高形态与出水量大的出水井的分布存在明显的对应关系，重力增量异常高基本上反映了气藏边水推进的变化。

图 6.35 是 2011～2013 年的时移重力增量异常图，其异常数值相当于图 6.33 时移重力增量异常与图 6.34 时移重力增量异常相加之和。由图 6.35 可见，2011～2013 年的时移重力增量异常最低值在 0～0.005 mGal，最大值在 0.055～0.060 mGal；重力增量异常幅值大，异常的规律性更强，测区中部存在的重力异常高幅度约为 0.060 mGal，异常呈北西向展布，重力异常高的极值在中西部。围绕着该重力高分布着明显的重力低和重力异常平缓带；该重力高表现出中间平缓，向外有一个橙色过渡带，其梯度较大。由图 6.35 可见，出水量大于 3 m³/d 的井均分布在重力增量异常高向外的过渡带上，在黄色异常带上的出水井的出水量大部分都大于 5 m³/d。可见，2011～2013 年气藏开发引起了明显的时移重力增量异常升高，重力异常高幅度约为 0.060 mGal，异常可信度高，重力增量异常高形态与气藏边部出水井的出水量存在明显的相关关系，重力增量异常高反映了气藏边水推进的情况。图 6.35 中重力增量异常高的外围等值线并不圆滑，而多条等值线有规律地扭曲应是可靠的信息，推测其与边水推进的不均匀性有关。

图 6.36 为 T 气藏主产层地层含水率分布图，图中叠合了出水井分布，图中蓝色点为出水井，点的大小代表出水量的多少，图中最大点的出水量大于 8 t/d，由大到小变化依次递减为 5～8 t/d、3～5 t/d、1～3 t/d、小于 1 t/d。由图 6.36 可见，出水井的出水量与地层累计含水率之间具有正相关对应关系，气藏边部出水井的出水量较大，对应的地层累积含水率也大，反映了气藏边水的分布状况。需要说明的一点是，气藏中部的气井也存在出水现象，不过它们的出水量较小，大部分小于 2 t/d；这部分出水井的出水与气藏的边水活动无关，它们是气藏含气层内部存在的地层水随着天然气一起产出的。而气藏边部由于边水推进，出水井的出水量会急剧增大，大多数可达 3～5 t/d，最大的达到 10 t/d 以上。这种特征与时移微重力监测结果是吻合的。

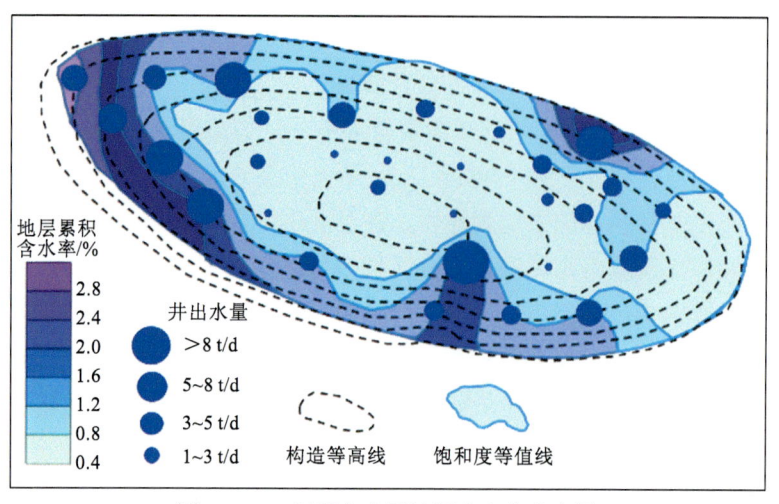

图 6.36　T 气藏主产层地层含水率分布图

2. L 气藏采集处理效果

为研究 L 气藏气水界面变化，本小节通过 2014 年和 2016 年的微重力数据采集，获得时移微重力数据；通过自由空气校正、对码反演去噪和重力界面约束反演，研究气水界面的抬升情况。

1）测量

为了获得时移微重力数据，使用相对 CG-5 重力仪获取 2014 年 8 月和 2016 年 6 月的重力数据。监测面积为 122.1 km^2，微重力测点为 1292 个，网格密度为 500 m×200 m。地形和采样位置信息如图 6.37 所示。为保证不同年份测量点位置的稳定性，在每个测量点处都埋有水泥测量桩。

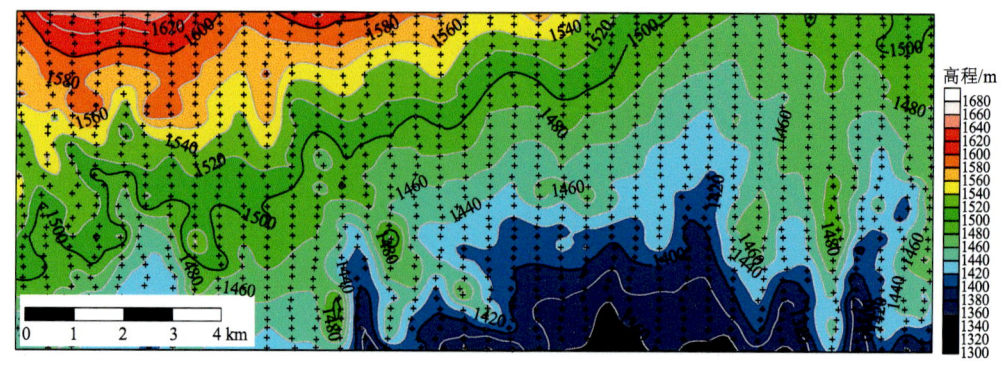

图 6.37　地形和采样位置图
彩色等高线图为气藏地表高度标高；"+"为重力测点的位置

由于采用多台相对重力仪进行测量，测量时间较长，在不同年份的采集过程中，应尽量保持测量顺序、测量单元、开闭重力基点、测量仪器的一致性，以抑制现场噪声。

2）修正

由于储层压力持续下降，开采过程中会引起不规则沉陷，沉陷对重力测量影响较大，应予以修正。利用卫星遥感数据对两次重力测量的地表沉降进行监测[图 6.38（a）]，得到自由空气修正值[图 6.38（b）]。图 6.38 中可以看出，气藏中部和东部地表高程下降明显，与气藏主井位一致。

（a）卫星监测地表沉降值（负值表示下降，正值表示上升）

（b）低通滤波后的自由空气修正值

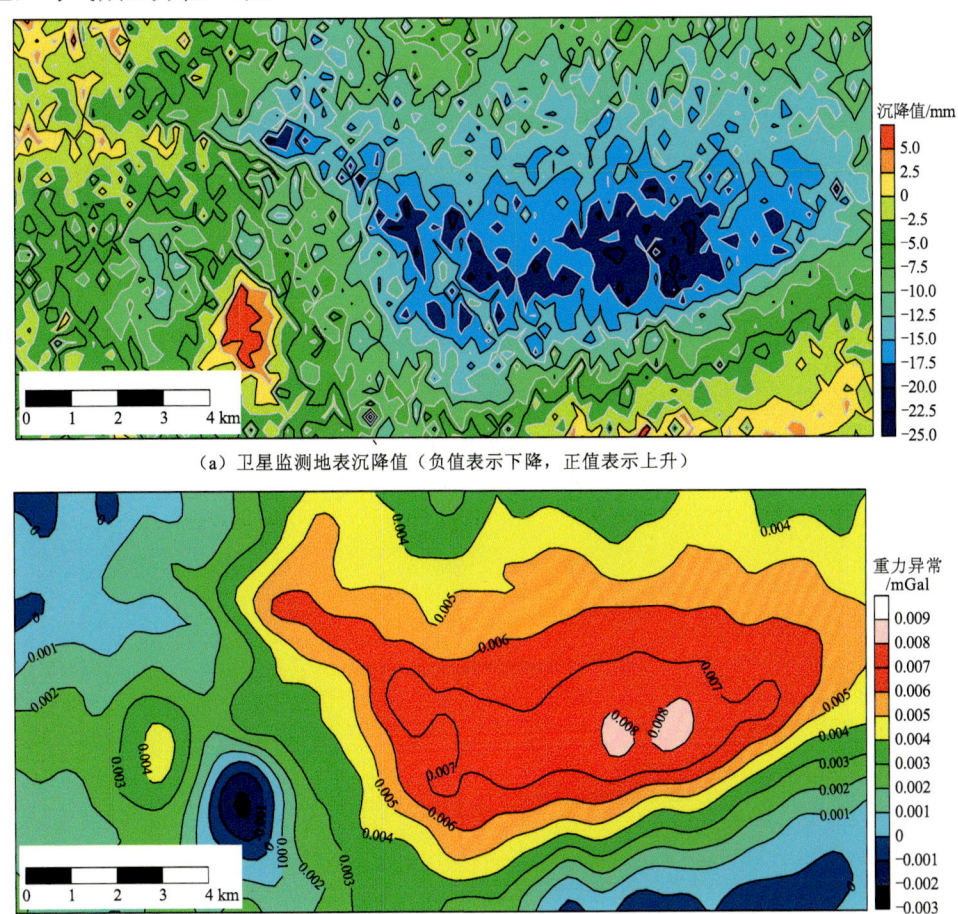

图 6.38 自由空气校正

利用重力值的差值获得时移微重力数据，再利用自由空气校正消除地表沉降的影响，最终得到主要由采集噪声和气藏开采引起的时移微重力异常（图 6.39）。采集噪声主要由以下因素引起：①仪器观测误差；②观测单元漂移修正误差；③仪器不均匀性误差；④重力基点传递误差。其中①可引起正态分布的随机噪声，②和③可引起沿测线方向的线性异常，④可引起时移微重力异常的整体抬升。上述噪声的构成非常复杂，主要是基于高频噪声。

3）去噪

由于气藏埋藏较深，时移微重力数据信噪比很低，传统的去噪方法难以达到效果，本小节采用对码反演（Richard et al.，2006）方法。对码反演是一种用于盐成像的重力数

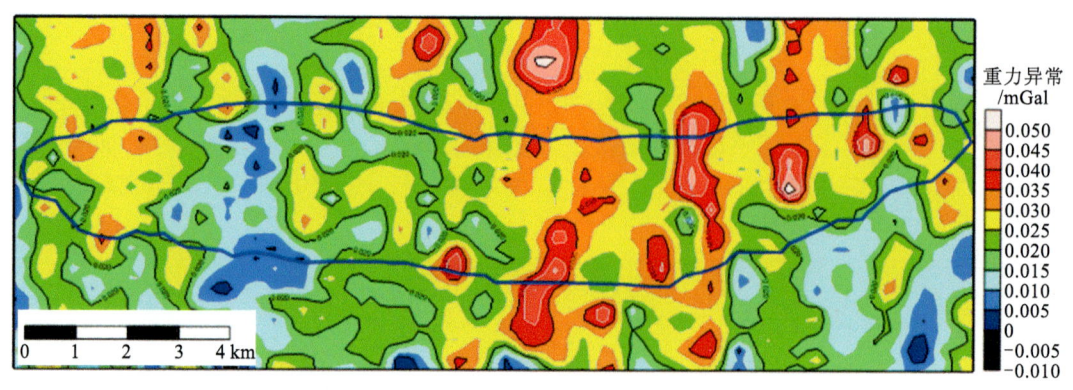

图 6.39 自由空气校正后的时移微重力异常图
彩色等高线图为时移重力异常；该多边形为气藏构造边界

据反演算法，密度差被限制为 0 或 1 两种可能性之一，其中 1 表示在给定深度处所需的密度差。对于水驱气藏的开发，可以做一个类比，即气完全被水取代（表示 1），气不被水取代（表示 0）。在本小节中，1 表示气水界面的密度差。为了有效地分离噪声，场源完全限制在气藏的上下表面之间。对码反演的正则化参数采用 1 曲线法（Kristopher et al.，2008；Hansen，1987），最终得到主要由气水界面推进引起的时移微重力异常[图 6.40（a）]和采集噪声[图 6.40（b）]。时移微重力异常[图 6.40（a）]有两个高重力分量，中东部

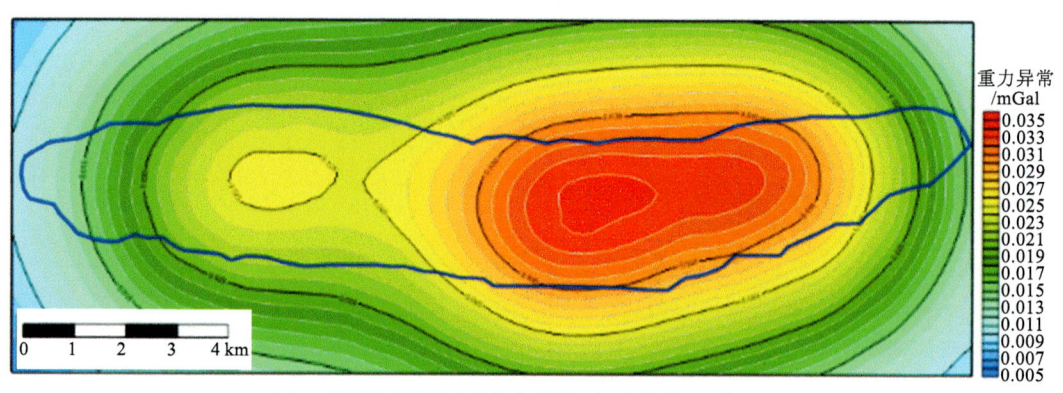

（a）去噪后的时移重力异常主要反映气水界面的变化

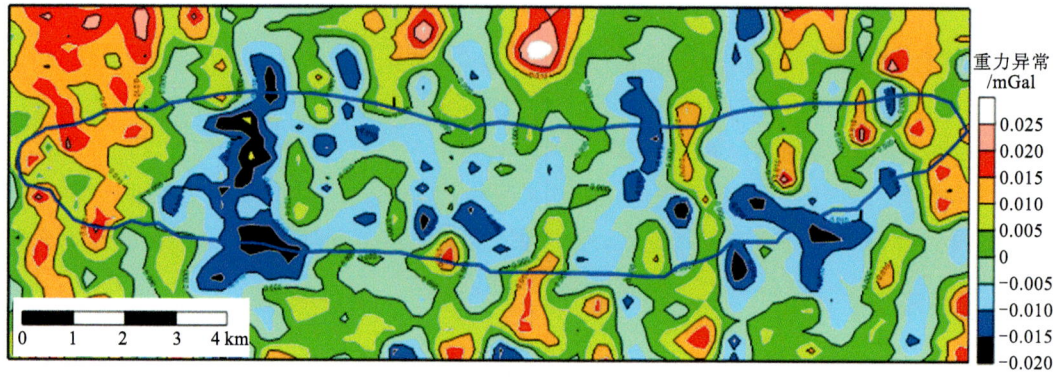

（b）对码反演分离出的噪声

图 6.40 对码反演去噪

重力强度大、范围广，气水界面推进主要是由主产井开采造成的；西部重力强度较低，布局有限，推测是局部井快速注水造成的。

为获得监测过程中气水界面推进的详细信息，对去噪后的时移微重力异常进行三维重力界面反演。监测前已知气水界面深度（底面）[图6.41（a）]由单井数据和生产动态得到。要反转的气水界面（顶面）深度受顶面深度的约束。在反演过程中，顶部和底部接口是固定的。最后，通过三维重力界面反演得到监测过程中的气水界面推进距离[图6.41（b）]，并用于研究气水界面隆起的细节。

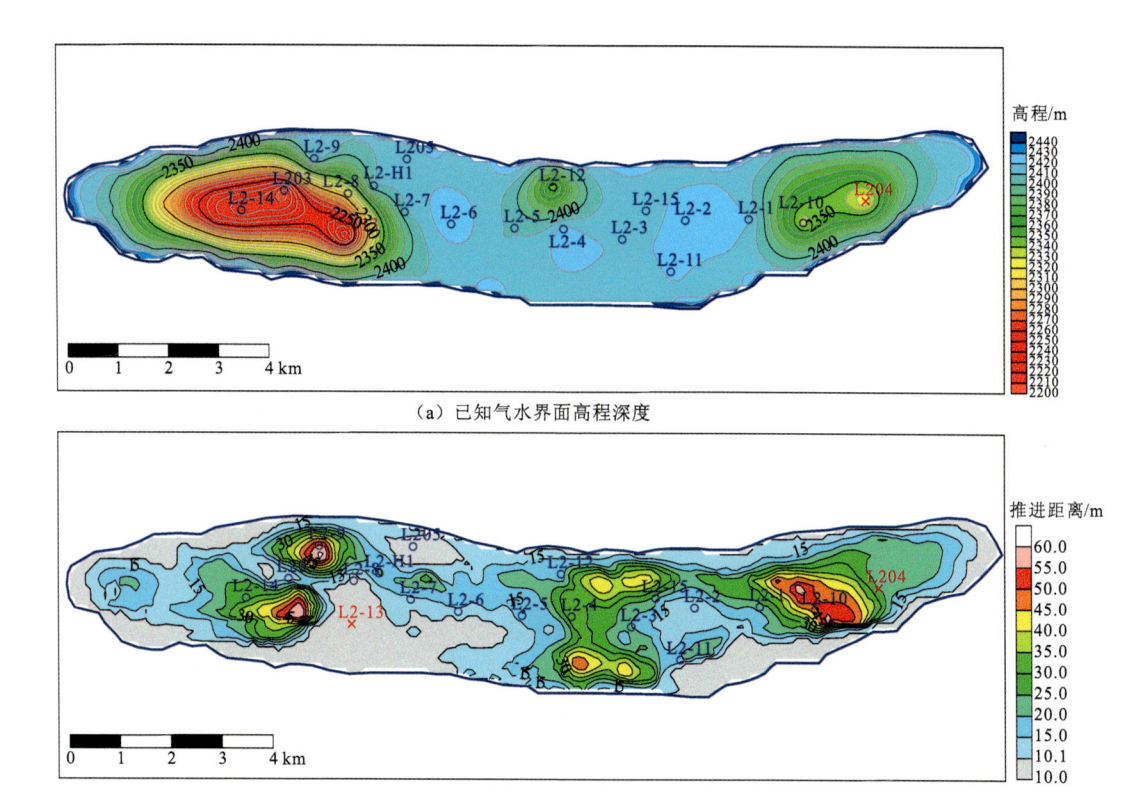

（a）已知气水界面高程深度

（b）反演得到的气水界面推进距离

图6.41　三维重力界面反演

4）效果

从图6.41（b）可以看出，整个区域气水界面最大抬升约60 m，最小抬升约10 m。主要有三个气水界面隆起区，分布在西部、东部和中东部，总体情况与井的生产动态相一致。

西部L2-14井和L203井在微重力监测期间一直处于产水状态，且出水量较大，说明侵入水严重。因此，两口井东南侧气水界面迅速抬升，最大抬升约59 m。L2-9井附近气水界面迅速上升，上升高度约60 m，推测为快速水锥突，但未得到证实。L2-13井附近的气水界面正在缓慢上升。推测监测前因关井导致井压持续上升，因此气水界面抬升不明显。

在东部地区的 L2-10 井和 L204 井中发现了水。在微重力监测之前，L204 井已经被关井。L2-10 井在监测期间出水过多，附近气水界面明显隆起（图 6.42）。推测 L204 关井后压力恢复，水体沿东部高渗透生产层被推进至主生产井。

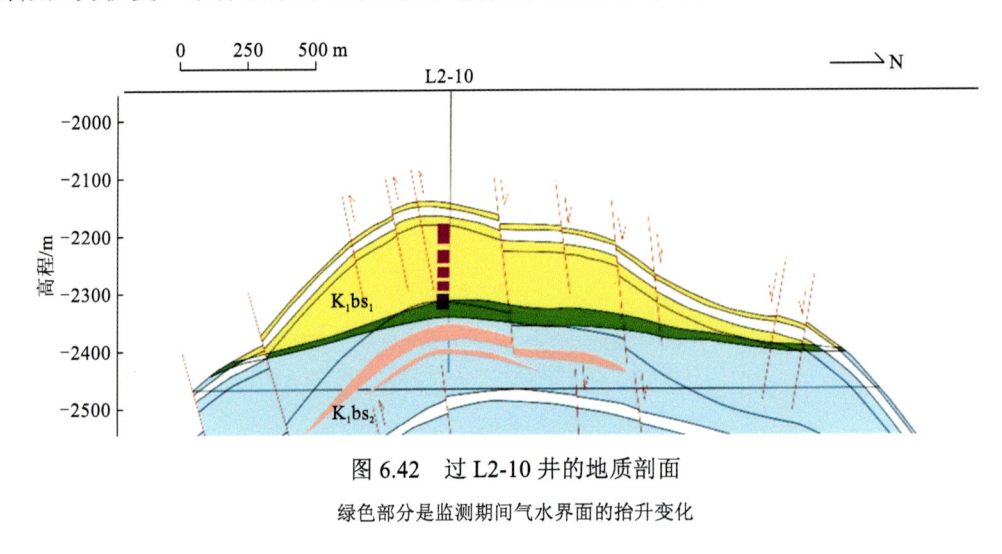

图 6.42 过 L2-10 井的地质剖面
绿色部分是监测期间气水界面的抬升变化

东北地区主要有两个气水界面隆起区。L2-12 井在监测期间产水过多，其原因是裂缝和高渗透层的发育。推测 L2-12 井东南部的水体是由边缘水沿高渗透层向主气井推进形成的。由于南部水的堵塞，推测 L2-11 井西侧的水体是由于底水快速上升造成的。

5）小结

在如此深的气藏中进行时移微重力监测非常困难，数据信噪比很低，这些噪声在去噪前的时移数据中是明显的。此外，必须对高程进行监测。它会造成低频异常，因此必须进行校正。

对码反演去噪结果表明，对于低信噪比时移微重力数据，需要采用合适的反演方法，能够有效去除现场采集的非目标深场源和噪声。

进行时移微重力异常去噪后，才能得到气水界面隆起的整体特征。为了研究气水界面局部变化细节，需要结合三维重力界面反演方法，采用适当的约束条件进行反演。

研究和分析结果表明，时移微重力法可以对气藏气水界面变化进行整体监测，获得气水界面隆起细节，是一种有效的气藏生产监测方法。

6.5 深部构造研究

6.5.1 研究背景

在利用重力资料研究地壳结构时，利用已知界面信息建立地壳重力场"剥皮"模型已是国内外主流方法，将地壳重力场模型划分为：①沉积层重力场模型；②莫霍面重力场模型；③剩余重力异常。然后将其简化为水平地形，利用 Parker 法正演重力异常（王新胜 等，2011）。不可忽视的是，重力场对地形较敏感，这种简化为水平地形的做法势必会引入不必要的误差，从而给后续反演解释带来误导，然而起伏地形条件下 Parker 法正演重力异常的误差很少被讨论。因此本节的研究重点之一就是研究起伏地形下传统 Parker 法重力异常正演的误差响应特征，以及起伏地形下地壳重力场"剥皮"模型的建立方法。龙门山地区地形起伏剧烈，该地区考虑地形起伏的地壳重力场"剥皮"模型，还未见相关研究报道。且该地区地质构造复杂，地震活动强烈，有关该区域的形成机制、动力学过程还有待深入研究，因此本节研究起伏地形下龙门山及其邻区地壳重力场"剥皮"模型的建立，分析研究区剩余重力场与该区地震活动性之间的关系，试图从三维地壳密度模型的角度，找寻地壳密度结构与地震发生之间的关系。

6.5.2 研究方法与结果分析

本小节利用重力资料，在地震资料提供的界面信息约束下，建立起伏地形下的地壳重力场剥皮模型，利用该模型获得的剩余重力异常，进行三维密度反演，建立研究区地壳三维密度结构。随着有关地壳结构研究成果的不断丰富，利用已知沉积层和莫霍面信息，使用定量正演方法来获得剩余重力异常，逐渐成为国内外主流。

在分离沉积层引起的重力异常时，沉积层与基底密度差的选取是一个至关重要的问题。前人围绕这一问题，提出了很多方法。Cordell（1973）利用指数函数拟合了沉积岩石与基底密度差随深度的变化，随后这一密度-深度变化函数被广泛应用于沉积盆地基底的正反演。Murthy 和 Rao（1979）提出了线性密度变化函数。之后 Rao（1986）提出了二次多项式密度函数，García-Abdeslem 提出了三次多项式密度函数并将其用于盆地基底重力反演（García-Abdeslem，2003）。Rao 等（1994）认为双曲线密度函数（Litinsky，1989）和抛物线密度函数（Rao et al.，1993）与沉积层真实密度差拟合最好，随后这两种变密度函数也被引入沉积盆地基底反演之中（冯旭亮 等，2014）。

需要指出的是，上述密度-深度函数需要结合钻井资料，来确定密度-深度函数中的参数，但在钻井资料缺乏时，难以确定相关参数。因此有许多研究人员在分离沉积层引起重力异常时，采用固定的密度差。在涉及本节研究区的相关研究中，不同的沉积层与基底密度差被采用：0.15 g/cm^3（Zhang et al.，2010）、0.17 g/cm^3（Deng et al.，2014）、0.20 g/cm^3（Li et al.，2014a）。Crust1.0 模型给出了全球 1°×1° 的密度模型，从上至下该密度模型共分为：水层、冰层、上沉积层、中沉积层、下沉积层、上结晶地壳、中结晶地壳、下结晶地壳、上地幔，本节截取研究区 Crust1.0 密度模型中下沉积层与上结晶地壳的密度，计算二者的密度差，求取二者密度差的 RMS 为 0.25 g/cm^3，因此本节将沉积层与结晶基底的密度差取值 0.25 g/cm^3，利用沉积层厚度数据[图 6.43（d）]，分别采用三维重力正演和 Parker 法模拟研究区的沉积层在起伏地面引起的重力异常，如图 6.43 所示，分别为三维重力正演[图 6.43（a）]和 Parker 法[图 6.43（b）]模拟的沉积层重力异常，以及二者之差[图 6.43（c）]。从图 6.43 中可以看出，Parker 法计算的沉积层重力异常存在误差，这种误差由起伏地形造成，在地形起伏剧烈的地区误差稍大，幅值相对误差为 4.27%。

(a) 三维重力正演模拟的沉积层重力异常 g_S　　(b) Parker法模拟的沉积层重力异常 g_S'

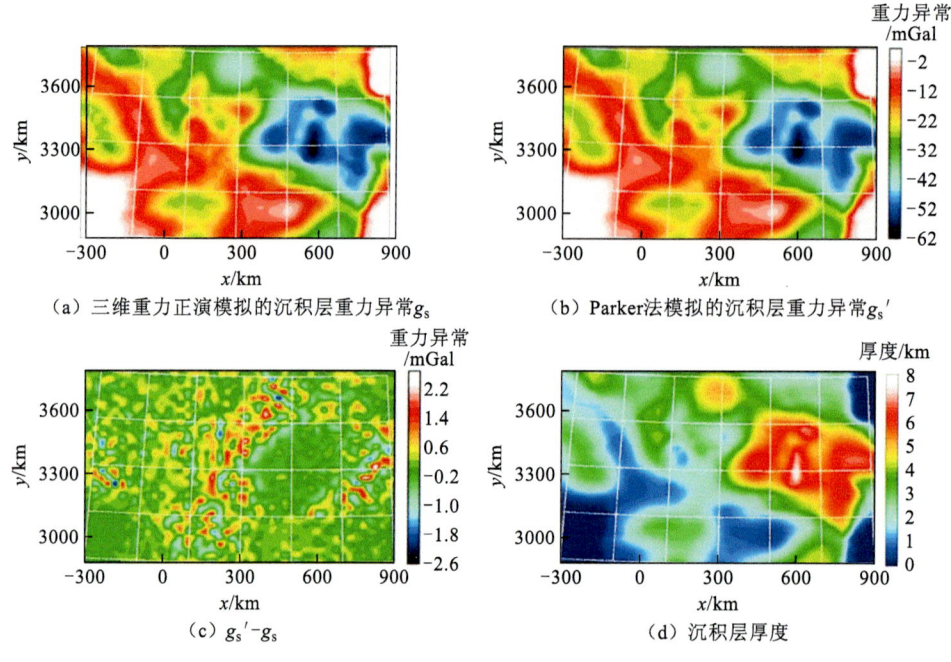

(c) $g_S'-g_S$　　(d) 沉积层厚度

图 6.43　不同计算方法得到的重力异常对比

利用布格重力异常 g_f 扣除三维重力正演模拟的沉积层重力异常 g_S，得到的布格重力异常 g_{re_s} [图 6.44（a）]主要由莫霍面起伏及壳内密度不均匀体引起。将地壳厚度与扣除沉积层后的布格重力异常画成散点图，如图[6.44（b）]所示，可以看出地壳厚度与扣除沉积层后的布格重力异常具有良好的相关性，呈镜像关系，图中黑色直线为用一次函数拟合的直线，通过计算得到它们之间的相关系数达-0.92。利用地壳厚度数据和扣除沉积层后的布格重力异常 g_{re_s}，采用前文介绍的基于能量最小的壳幔密度差估计方法，用一系列的壳幔密度差模拟莫霍面起伏引起的重力异常 g_{Moho}，计算 g_{re_s} 与 g_{Moho} 之间的差值的 RMS，从图 6.45 中可以看出当壳幔密度差为 0.26 g/cm³ 时，RMS 最小，为 92.24mGal，该值小于常用的大陆地区壳幔密度差 0.4 g/cm³（Kende et al.，2017；Christensen and Mooney，1995）。

(a) 扣除三维重力正演模拟的沉积层
布格重力异常 g_S 后的重力异常 $g_{re\_s}=g_f-g_S$

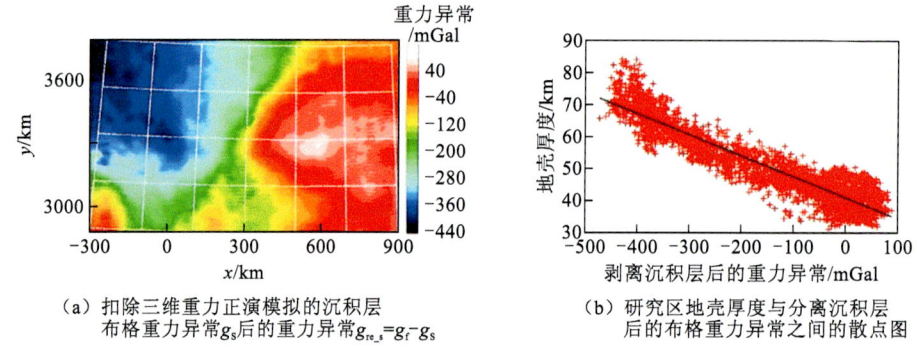

(b) 研究区地壳厚度与分离沉积层
后的布格重力异常之间的散点图

图 6.44　利用沉积层校正重力异常

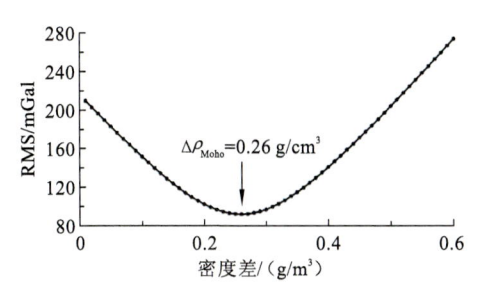

图 6.45 不同壳幔密度差下莫霍面起伏重力异常 g_{Moho} 与扣除沉积层后的布格重力异常 g_{re_s} 的差值的 RMS

利用地壳厚度数据和前文估计的研究区壳幔密度差 0.26 g/cm³，分别采用三维重力正演和 Parker 法模拟莫霍面起伏在地面引起的重力异常。图 6.46（a）为三维重力正演模拟的莫霍面起伏重力异常 g_{Moho}，图 6.46（b）为 Parker 法模拟的莫霍面起伏重力异常 g'_{Moho}，图 6.46（c）为二者之差。从图 6.46 中可以看出，Parker 法模拟的莫霍面起伏重力异常具有较大误差，该误差在海拔较低、地形较平坦、地壳厚度较小的四川盆地附近较小，其值在 10 mGal 以下，但在海拔较高、地壳厚度较大的青藏高原东部较大，其值在 30 mGal 以上，最大近 50 mGal，幅值相对误差达 11.66%。

（a）三维重力正演模拟的莫霍面起伏重力异常 g_{Moho}
（b）Parker 法模拟的莫霍面起伏重力异常 g'_{Moho}
（c）二者之差 $g'_{Moho}-g_{Moho}$
（d）研究区地壳厚度

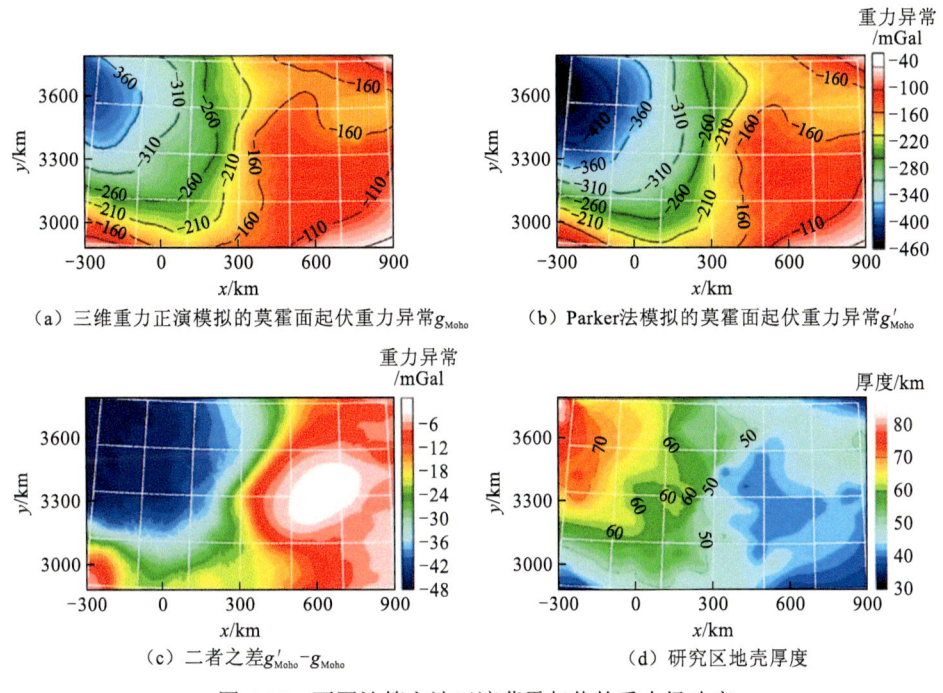

图 6.46 不同计算方法正演莫霍起伏的重力场响应

在得到沉积层及莫霍面起伏引起的重力异常后，将其从原始的布格重力异常中扣除，可以得到剩余重力异常。图 6.47（a）为基于三维重力正演得到的剩余重力异常 g_{re}，图 6.47（b）为基于 Parker 方法正演得到的剩余重力异常 g'_{re}，图 6.47（c）为二者之差，从图 6.47 中可以看出基于 Parker 法正演获得的剩余重力异常具有较大的误差，尤其是在青藏高原地区误差最大达 50 mGal，幅值相对误差达 15.24%。因此在后续的处理与反演解释中，均利用基于三维重力正演获得的剩余重力异常 g_{re} 进行，如无特殊说明，后面提到的研究区剩余重力异常均是指 g_{re}。

（a）基于三维重力正演得到的剩余重力异常 $g_{re}=g_f-g_s-g_{Moho}$

（b）基于Parker法正演得到的剩余重力异常 $g'_{re}=g'_f-g'_s-g'_{Moho}$

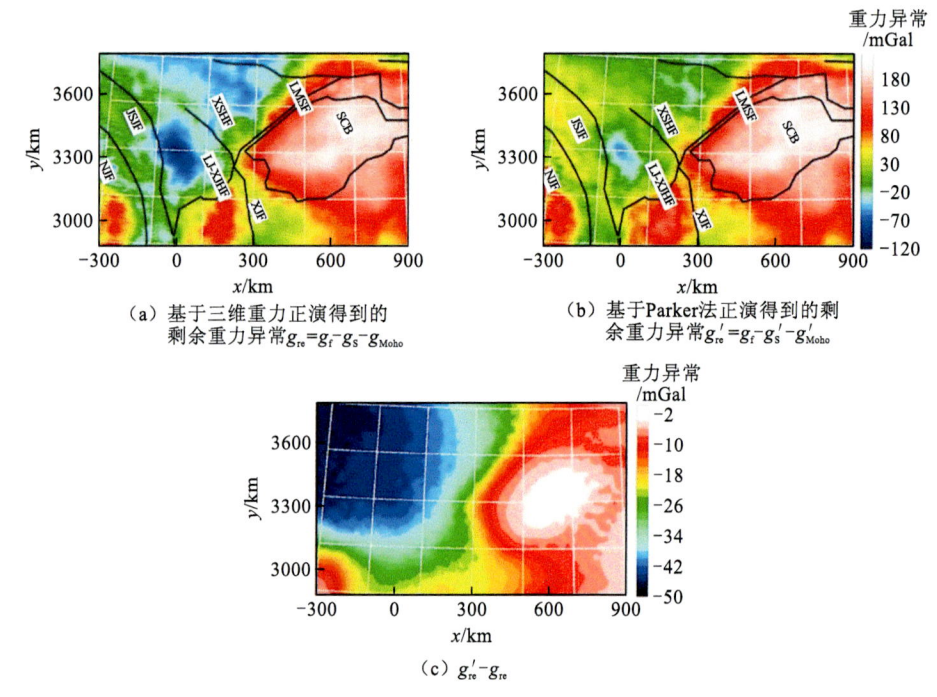

（c）$g'_{re}-g_{re}$

图 6.47　不同方法得到的剩余重力异常

LMSF—龙门山断裂；XSHF—西北鲜水河断裂；NJ-XJHF—丽江-小金江断裂；
JSJF—金沙江断裂；XJF—小江断裂；NJF—怒江断裂；SCB—西川盆地

在反演时，将模型在 x、y 方向剖分成 184×241 大小，且 x、y 方向间距均为 5 km，在 z 方向上，由于研究区海拔最高处为 6835 m，在模型剖分时，以 $z=7$ km 为模型剖分的上界面，依次剖分了 7 km×1 km、20 km×3 km、4 km×5 km 共 31 层，最大反演深度为 80 km，共 1 374 664 个单元格。在反演过程中，高于地形单元格的密度值始终令其为 0，且在迭代过程中将单元格的密度值限定在-0.5～0.5 g/cm^3，在 CPU 为 Intel i52.6 GHz 的计算机上共运行了 16 h，得到了反演结果，其中反演拟合差的幅值在 5 mGal 以内。图 6.48（a）为重力异常三维密度反演得到的龙门山及邻区地下三维密度结构，在分离沉积层和莫霍面起伏引起的重力异常，以及在反演的过程中均考虑了地形起伏。图 6.48（b）为东西方向的密度切片，白色实线为莫霍面，从中可以看出，在剖面东部密度整体比剖面西部高，这反映出龙门山以东的四川盆地所在地块深部密度较龙门山以西的青藏高原东部所在地块深部密度高。

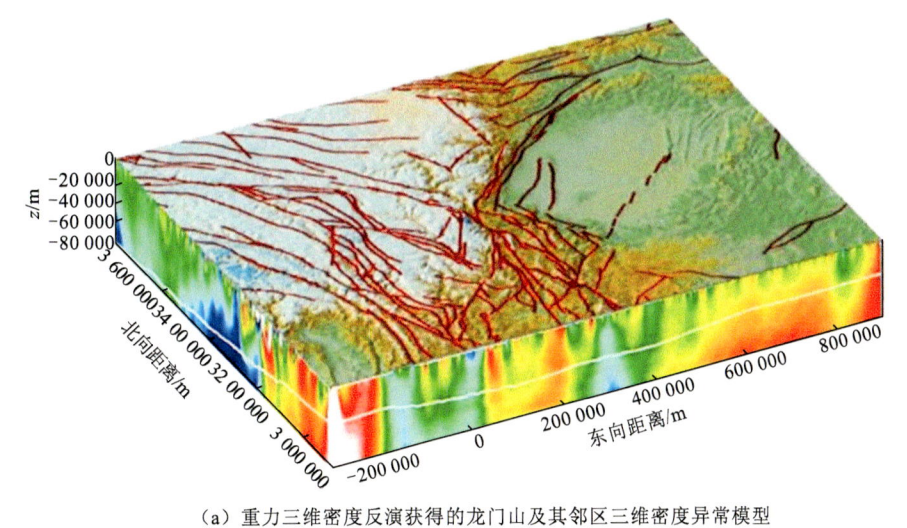

(a) 重力三维密度反演获得的龙门山及其邻区三维密度异常模型

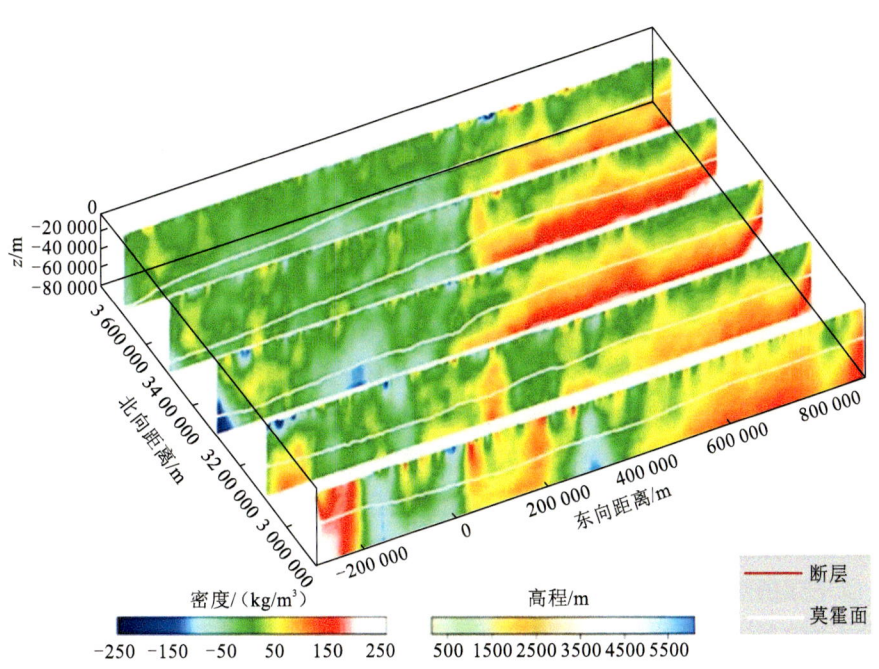

(b) 三维密度异常模型沿东西向的切片图

图 6.48 研究区三维密度结构

data with traditional data sets for a better understanding of the time-dependent water partitioning in African watersheds. Geology, 39 (5): 479-482.

Avdeev D, 2009. 3D Magnetotelluric inversion using a limited-memory quasi-Newton optimization. Geophysics, 74 (3): 14-23.

Bhattacharyya B K, 1965. Two-dimensional harmonic analysis as a tool for magnetic interpretation. Geophysics, 30(5): 829-857.

Blakely R J, 1995. Potential Theory in Gravity and Magnetic Applications. Cambridge: Cambridge University Press.

Blakely R J, Simpson R W, 1986. Approximating edges of source bodies from magnetic or gravity anomalies. Geophysics, 51 (7): 1494-1498.

Boy J P, Hinderer J, 2006. Study of the seasonal gravity signal in superconducting gravimeter data. Journal of Geodynamics, 41 (1/2/3): 227-233.

Castellazzi P, Longuevergne L, Martel R, et al., 2018. Quantitative mapping of groundwater depletion at the water management scale using a combined GRACE/InSAR approach. Remote Sensing of Environment, 205: 408-418.

Chen J L, Wilson C R, Tapley B D, et al., 2009. 2005 drought event in the Amazon River basin as measured by GRACE and estimated by climate models. Journal of Geophysical Research: Solid Earth, 114(B5): 12-19.

Christensen N I, Mooney W D, 1995. Seismic velocity structure and composition of the continental crust: A global view. Journal of Geophysical Research: Solid Earth, 100(B6): 9761-9788.

Commer M, 2011. Three-dimensional gravity modelling and focusing inversion using rectangular meshes. Geophysical Prospecting, 59(5): 966-979.

Cooper G R J, 2004. The stable downward continuation of potential field data. Exploration Geophysics, 35(4): 260-265.

Cooper G R J. 2014. The automatic determination of the location, depth, and dip of contacts from aeromagnetic data. Geophysics, 79(3): J35-J41.

Cooper G R J, Cowan D R, 2008. Edge enhancement of potential-field data using normalized statistics. Geophysics. 73(3): H1-H4.

Cordell L, 1973. Gravity anomalies using an exponential density-depth function-San Jacinto graben, California. Geophysics, 38(4): 684-690.

Cordell L, 1979. Gravimetric expression of graben faulting in Santa Fe Country and the Espanola Basin, New Mexico//Ingersoll R V. Guidebook to Santa Fe Country. Socorro: New Mexico Geological Society.

Cordell L, Grauch V J S, 1985. Mapping basement magnetization zones from aeromagnetic data in the San Juan Basin, New Mexico//Hinze W J. The Utility of Tegional Gravity and Magnetic Anomaly Maps. Tulsa: Society of Exploration Geophysicists.

Crowley J W, Mitrovica J X, Bailey R C, et al., 2008. Annual variations in water storage and precipitation in the Amazon Basin: Bounding sink terms in the terrestrial hydrological balance using GRACE satellite gravity data. Journal of Geodesy, 82: 9-13.

de Bremaecker, Jean-Claude, 1985. Geophysics: The earth's interior. New York: Wiley.

Deng Y, Zhang Z, Mooney W, et al., 2014. Mantle origin of the Emeishan large igneous province (South China) from the analysis of residual gravity anomalies. Lithos, 204: 4-13.

Fairhead, J D, Salem A, Cascone L, et al., 2011. New developments of the magnetic tilt-depth method to improve structural mapping of sedimentary basins. Geophysical Prospecting, 59(6): 1072-1086.

Famiglietti J S, Lo M, Ho S L, et al., 2011. Satellites measure recent rates of groundwater depletion in California's Central Valley. Geophysical Research Letters, 38(3): 1-4.

Feng W, Zhong M, Lemoine J M, et al., 2013. Evaluation of groundwater depletion in North China using the Gravity Recovery and Climate Experiment (GRACE) data and ground-based measurements. Water Resources Research, 49(4): 2110-2118.

Forsberg R, Sørensen L, Simonsen S, 2017. Greenland and Antarctica ice sheet mass changes and effects on global sea level. Surveys in Geophysics, 38(1): 89-104.

Gallardo L A, Meju M A, 2003. Characterization of heterogeneous near-surface materials by joint 2D inversion of dc resistivity and seismic data. Geophysical Research Letters, 30(13): 1658.

García-Abdeslem J, 2003. 2D modeling and inversion of gravity data using density contrast varying with depth and source-basement geometry described by the Fourier series. Geophysics, 68(6): 1909-1916.

Grauch V J S, Cordell L, 1987. Limitations of determining density or magnetic boundaries from the horizontal gradient of gravity or pseudo gravity data. Geophysics, 52: 118-124.

Gribenko A, Zhdanov M, 2007. Rigorous 3D inversion of marine CSEM data based on the integral equation method. Geophysics, 72(2): WA73-WA84.

Groh A, Horwath M, Horvath A, et al., 2019. Evaluating GRACE mass change time series for the Antarctic and Greenland Ice Sheet: Methods and results. Geosciences, 9(10): 415.

Hansen P C, 1987. Rank-deficient and discrete ill-posed problems: Numerical aspects of linear inversion. Philadelphia: Society for Industrial and Applied Mathematics.

Hansen P C, O'Leary D P, 1993. The use of the L-curve in the regularization of discrete ill-posed problems. SIAM Journal on Scientific Computing, 14(6): 1487-1503.

Harnisch M, Harnisch G, 2006. Study of long-term gravity variations, based on data of the GGP cooperation. Journal of Geodynamics, 41(1/2/3): 318-325.

Hood P, Mcclure D J, 1965. Gradient measurements in ground magnetic prospecting. Geophysics, 30(3): 403-410.

Hsu S K, Sibuet J C, Shyu C T, 1996. High-resolution detection of geologic boundaries from potential-field anomalies: an enhanced analytic signal technique. Geophysics, 61(2): 373-386.

Hu X, Chen J, Zhou Y, et al., 2006. Seasonal water storage change of the Yangtze River basin detected by GRACE. Science in China(Series D), 49: 483-491.

Huang L, Zhang H L, Li C F, et al., 2022. Ratio-Euler deconvolution and its applications. Geophysical Prospecting, 70(6): 1016-1032.

Immerzeel W W, Droogers P, De Jong S M, et al., 2009. Large-scale monitoring of snow cover and runoff simulation in Himalayan river basins using remote sensing. Remote Sensing of Environment, 113(1):

Antarctica and Greenland ice sheets from GRACE. Global and Planetary Change, 53(3): 198-208.

Rao C V, Chakravarthi V, Raju M L, 1993. Parabolic density function in sedimentary basin modelling. Pageoph Topical Volumes, 140(3): 493-501.

Rao C V, Chakravarthi V, Raju M L, 1994. Forward modeling gravity anomalies of two-dimensional bodies of arbitrary shape with hyperbolic and parabolic density functions. Computers & Geosciences, 20(5): 873-880.

Rao D B, 1986. Modelling of sedimentary basins from gravity anomalies with variable density contrast. Geophysical Journal of the Royal Astronomical Society, 84: 207-212.

Rodell M, Chen J, Kato H, et al., 2007. Estimating groundwater storage changes in the Mississippi River basin (USA) using GRACE. Hydrogeology Journal, 15: 159-166.

Rodell M, Famiglietti J S, Chen J, et al., 2004. Basin scale estimates of evapotranspiration using GRACE and other observations. Geophysical Research Letters, 31(20): L20504.

Rodell M, Velicogna I, Famiglietti J S, 2009. Satellite-based estimates of groundwater depletion in India. Nature, 460(7258): 999-1002.

Rodi W, Mackie R L, 2001. Nonlinear conjugate gradients algorithm for 2-D magnetotelluric inversion. Geophysics, 66: 174-187.

Saada S A, Mickus K, Eldosouky A M, et al., 2021. Insights on the tectonic styles of the Red Sea rift using gravity and magnetic data. Marine and Petroleum Geology, 133: 105253.

Salem A, Williams S, 2007. Tilt-depth method: A simple depth estimation method using first-order magnetic derivatives. Leading Edge, 26(12): 1502-1505.

Salem A, William S, Fairhead D, et al., 2008. Interpretation of magnetic data using tilt-angle derivatives. Geophysics, 73(1): L1-L10.

Satyakumar A V, Jin S, Tiwari V M, et al., 2023. Crustal structure and isostatic compensation beneath the South China Sea using satellite gravity data and its implications for the rifting and magmatic activities. Physics of the Earth and Planetary Interiors, 344: 107107.

Scanlon B R, Zhang Z, Reedy R C, et al., 2015. Hydrologic implications of GRACE satellite data in the Colorado River Basin. Water Resources Research, 51(12): 9891-9903.

Schmidt M, Fengler M, Mayer-Gürr T, et al., 2007. Regional gravity modeling in terms of spherical base functions. Journal of Geodesy, 81: 17-38.

Schwiderski E W, 1980. On charting global ocean tides. Reviews of Geophysics, 18(1): 243-268.

Seyoum W M, Milewski A M, 2016. Monitoring and comparison of terrestrial water storage changes in the northern high plains using GRACE and in-situ based integrated hydrologic model estimates. Advances in Water Resources, 94: 31-44.

Smith R S, Thurston J B, Salem A, 2012. A grid implementation of the SLUTH algorithm for visualizing the depth and structural index of magnetic sources. Computer and Geosciences, 44: 100-108.

Spector A, Grant F S, 1970. Statistical models for interpreting aeromagnetic data. Geophysics, 35(2): 293-302.

Strassberg G, Scanlon B R, Rodell M, 2007. Comparison of seasonal terrestrial water storage variations from

GRACE with groundwater-level measurements from the High Plains Aquifer (USA). Geophysical Research Letters, 34(14): 28-33.

Stray B, Lamb A, Kaushik A, et al., 2022. Quantum sensing for gravity cartography. Nature, 602(7898): 590-594.

Su Y, Guo B, Zhou Z, et al., 2020. Spatio-temporal variations in groundwater revealed by GRACE and its driving factors in the Huang-Huai-Hai Plain, China. Sensors, 20(3): 922.

Swenson S, Chambers D, Wahr J, 2008. Estimating geocenter variations from a combination of GRACE and ocean model output. Journal of Geophysical Research Atomspheres, 113(8): JB005338.

Swenson S, Wahr J, 2002. Methods for inferring regional surface-mass anomalies from Gravity Recovery and Climate Experiment (GRACE) measurements of time-variable gravity. Journal of Geophysical Research: Solid Earth, 107(B9): 1-13.

Swenson S, Wahr J, 2006. Post-processing removal of correlated errors in GRACE data. Geophysical Research Letters, 33(8): L08402.

Syed T H, Famiglietti J S, Rodell M, et al., 2008. Analysis of terrestrial water storage changes from GRACE and GLDAS. Water Resources Research, 44(2): W02433.

Tamisiea M E, Leuliette E W, Davis J L, et al., 2005. Constraining hydrological and cryospheric mass flux in southeastern Alaska using space-based gravity measurements. Geophysical Research Letters, 32(20): L20501.

Tapley B D, Bettadpur S, Ries J C, et al., 2004. GRACE measurements of mass variability in the Earth system. Science, 305(5683): 503-505.

Tapley B D, Bettadpur S, Watkins M, et al., 2004. The gravity recovery and climate experiment: Mission overview and early results. Geophysical Research Letters, 31(9): L09607.

Tapley B D, Watkins M M, Flechtner F, et al., 2019. Contributions of GRACE to understanding climate change. Nature Climate Change, 9(5): 358-369.

Tikhonov A N, Glasko V B, Litvinenko O K, et al., 1968. Analytic continuation of a potential in the direction of disturbing masses by the regularization method. Izvestiya Physics of the Solid Earth, 12: 30-48.

Tiwari V M, Wahr J, Swenson S, 2009. Dwindling groundwater resources in northern India, from satellite gravity observations. Geophysical Research Letters, 36(18): 184-201.

Valléel M A, Smith R S, Keating P, 2011. Metalliferous mining geophysics: State of the art after a decade in the new millennium. Geophysics, 76(4): W31-W50.

van Camp M, de Viron O, Watlet A, et al., 2017. Geophysics from terrestrial time-variable gravity measurements. Reviews of Geophysics, 55(4): 938-992.

Velicogna I, Sutterley T C, van Den Broeke M R, 2014. Regional acceleration in ice mass loss from Greenland and Antarctica using GRACE time-variable gravity data. Geophysical Research Letters, 41(22): 8130-8137.

Velicogna I, Wahr J, 2006. Measurements of time-variable gravity show mass loss in Antarctica. Science, 311(5768): 1754-1756.

Velicogna I, Wahr J, 2013. Time-variable gravity observations of ice sheet mass balance: Precision and limitations of the GRACE satellite data. Geophysical Research Letters, 40(12): 3055-3063.

Verduzco B, Fairhead J D, Green C M, et al., 2004. New insights into magnetic derivatives for structural mapping. The Leading Edge, 23(2): 116-119.

Voss K A, Famiglietti J S, Lo M H, et al., 2013. Groundwater depletion in the Middle East from GRACE with implications for transboundary water management in the Tigris-Euphrates-Western Iran region. Water Resources Research, 49(2): 904-914.

Wahr J, Molenaar M, Bryan F, 1998. Time variability of the Earth's gravity field: Hydrological and oceanic effects and their possible detection using GRACE. Journal of Geophysical Research: Solid Earth, 103(B12): 30205-30229.

Wahr J, Swenson S, Zlotnicki V, et al., 2004. Time-variable gravity from GRACE: First results. Geophysical Research Letters, 31(11): L11501.

Wang H, Wang Z, Yuan X, et al., 2007. Water storage changes in Three Gorges water systems area inferred from GRACE time-variable gravity data. Chinese Journal of Geophysics, 50(3): 650-657.

Wang L, Chen C, Du J, et al., 2017. Detecting seasonal and long-term vertical displacement in the North China Plain using GRACE and GPS. Hydrology and Earth System Sciences, 21(6): 2905-2922.

Wang L, Kaban M K, Thomas M, et al., 2019. The challenge of spatial resolutions for GRACE-based estimates volume changes of larger man-made lake: The case of China's Three Gorges Reservoir in the Yangtze River. Remote Sensing, 11: 99.

Wang X, de Linage C, Famiglietti J, et al., 2011. Gravity recovery and climate experiment (GRACE) detection of water storage changes in the Three Gorges Reservoir of China and comparison with in situ measurements. Water Resources Research, 47(12): W12502.

White J C, Beamish D, 2011. Magnetic structural information obtained from the HiRES airborne survey of the Isle of Wight. Proceedings of the Geologists' Association, 122(5): 781-786.

Wijns C, Perez C, Kowalczyk P, 2005. Theta map: Edge detection in magnetic data. Geophysics, 70(4): L39-L43.

Xu D R, Wang Z L, Cai J X, et al, 2013. Geological characteristics and metallogenesis of the shilu Fe-ore deposit in Hainan Province, South China. Ore Geology Reviews, 53: 318-342.

Yang T, Wang C, Chen Y, et al., 2015. Climate change and water storage variability over an arid endorheic region. Journal of Hydrology, 529: 330-339.

Zeng N, Yoon J H, Mariotti A, et al., 2008. Variability of basin-scale terrestrial water storage from a PER water budget method: The Amazon and the Mississippi. Journal of Climate, 21(2): 248-265.

Zhang H L, Ravat D, Marangoni Y R, et al., 2014. NAV-Edge: Edge detection of potential field sources using normalized anisotropy variance. Geophysics, 79(3): 43-53.

Zhang H, Marangoni Y R, Wu Z C, 2019. Depth corrected edge detection of magnetic data. IEEE Transactions on Geoscience and Remote Sensing, 57(12): 9626-9632.

Zhang J, Gao R, Zeng L, et al., 2010. Relationship between crustal 3D density structure and the earthquakes in the Longmenshan range and adjacent areas. Acta Geologica Sinica, 83(4): 740-745.

Zhang Y, Lin H, Li Y, 2018. Noise attenuation for seismic image using a deep-residual learning. SEG

Technical Program Expanded Abstracts.

Zhdanov M S, 2002. Geophysical inversion theory and regularization problems. Amsterdam: Elsevier.

Zheng Y, Wang L, Chen C, et al., 2020. Using satellite gravity and hydrological data to estimate changes in evapotranspiration induced by water storage fluctuations in the Three Gorges reservoir of China. Remote Sensing, 12(13): 2143.

Zhou W N, Zhang C, Tang H, et al., 2023. Iterative imaging method based on Tikhonov regularized downward continuation and its UAV aeromagnetic application: A case study from a Sijiaying iron deposit in eastern Hebei Province, China. Geophysics, 88(6): B343-354.